L'ÉVOLUTION SENTIMENTALE

YVES-ALAIN FONTAINE

L'ÉVOLUTION SENTIMENTALE

© Odile Jacob, mai 1996

15, rue Soufflot, 75005 Paris

www.odilejacob.fr

ISBN 978-2-7381-0396-3

Pour Agnès, Thomas et Gaëlle

« Il y avait en moi un personnage qui savait, plus ou moins bien, regarder, mais c'était un personnage intermittent, ne reprenant vie que quand se manifestait quelque essence générale, commune à plusieurs choses, qui faisait sa nourriture et sa joie [...] quand, en rapprochant une qualité commune à deux sensations, il dégageait leur essence commune en les réunissant l'une et l'autre pour les soustraire aux contingences du temps, dans une métaphore [...]. »

MARCEL PROUST.

« Rien en biologie n'a de sens sauf à la lumière de l'Évolution. »

THEODOSIUS DOBZHANSKY.

PROLOGUE

L'Évolution biologique, l'histoire qui a conduit la vie à prendre ses innombrables formes, est reconnue comme un fait par les humains raisonnables qui s'intéressent à la nature ; il est plus inattendu qu'elle soit perçue comme un guide pour nos conduites personnelles, voire comme un remède. C'est d'une expérience, déjà ancienne, de ce type qu'est née l'idée de cet ouvrage. Je traversais alors une période où les mille petits problèmes de la vie professionnelle m'apparaissaient énormes et insolubles, une situation qui, pour être banale, n'en était pas moins pénible. Mes collègues proches m'apparaissaient comme les messagers des difficultés ; un mot, une présence, me semblaient des agressions. La solution que j'avais cru trouver avait été d'éviter tout contact en m'enfermant ou en fuyant. Les circonstances m'amenèrent alors à partir vers une tout autre ambiance, disons familiale, et, le contraire eût été étonnant, mon angoisse ne fit pas relâche même si elle trouvait d'autres aliments.

Était-elle incurable ? Je le craignais lorsque, au cours d'une promenade solitaire, l'idée de l'Évolution biologique (idée survenue non par miracle mais parce que je portais à celle-ci un intérêt ancien et constant) m'en a étonnamment guéri. Sans doute, en quelques secondes et presque inconsciemment, avais-je d'abord fait une analogie entre mon comportement des dernières semaines et le mode de vie d'espèces animales qui s'enferment dans un tout petit monde, comme la patelle, ce mollusque qui vit un peu désespérément fixé sur les rochers de nos côtes, protégé de beaucoup de dangers par sa coquille en forme de chapeau chinois, et dont l'avenir évolutif semble limité. Je pensais qu'il avait fallu bien de l'angoisse pour que les patelles en arrivent là, mais que c'était un peu leur faute et que l'angoisse, largement répandue dans tout le vivant, pouvait conduire à d'autres solutions bien plus riches de potentialités. Leurs lointains ancêtres n'avaient-ils pas aussi donné naissance à d'autres lignées de mollusques, les céphalopodes, pieuvres et calmars qui montrent au contraire une stratégie vitale faite de mobilité et de comportements variés et complexes ?

À moi aussi était donc offerte la possibilité de traiter l'angoisse de multiples façons et non pas seulement de fuir les événements, somme toute superficiels, qui la révèlent. Évidemment, discourir ainsi sur l'angoisse des ancêtres des patelles me plongeait dans une métaphore peu convenable pour un biologiste, mais qui me plaisait bien.

Je voyais s'ouvrir tout un champ d'analogies entre les manières d'être des hommes et celles des espèces animales, entre leurs manières d'assumer le monde complexe qui les entoure. Bien sûr, les deux termes de chaque analogie étaient de nature toute différente puisqu'ils résultaient, pour le premier, d'un développement individuel et, pour le second, de l'Évolution biologique. Mais le parallèle, pour être plus provocateur, n'en serait-il pas aussi plus révélateur ? Marcel Proust m'y encourageait, dans des pages, souvent relues, où l'essence des choses se révèle par l'établissement de rapports inattendus entre des sensations, des œuvres, des objets tout différents, où « la vérité ne commencera qu'au moment où l'écrivain prendra deux objets différents, posera leurs rapports [...] » (dans cet essai, toutes les citations de Marcel Proust sont extraites de À *la recherche du temps perdu).* Si je me plais à placer « l'Évolution sentimentale » sous l'égide de cet auteur, c'est aussi, bien sûr, que le Temps est la grande affaire de l'œuvre de Proust comme il l'est pour l'Évolution.

Prolongeant ces analogies, j'en arrivais à me demander si la manière dont un sentiment comme l'angoisse est capable de façonner si diversement les vies humaines ne pourrait nous dire quelque chose sur les mécanismes mêmes de l'Évolution. Je voyais bien que, pour chacun de nous, la gamme des sensations liées à l'angoisse ne dépend pas seulement du monde auquel il est confronté mais aussi de la nature et de l'intensité de son angoisse personnelle. Si les sensations que j'avais éprouvées étaient de l'ordre de l'appréhension, elles seraient chez d'autres de l'ordre de l'inquiétude ou de l'ennui. Je pensais aussi que si l'angoisse avait été le point de départ de cette réflexion, elle n'était certainement pas la seule force sentimentale en cause ; l'égoïsme l'accompagne dans ce rôle et lui aussi existe sous des formes variées, par exemple dans le besoin de s'approprier des éléments du monde ou dans l'indifférence méprisante pour ce dernier.

Je faisais l'hypothèse que des caractères innés de l'ordre de ces sentiments multiples sont à l'œuvre au cours de l'Évolution..., ce qui n'est pas une vision très orthodoxe puisque, pour la majorité des spécialistes, l'Évolution résulte uniquement du processus d'adaptation, c'est-à-dire de la sélection par un monde extérieur tout-puissant des variations aléatoires des patrimoines héréditaires.

À cet effet indéniable du monde me semblaient en somme s'ajouter ceux de caractères propres à la vie elle-même, des « angoisses » et des « égoïsmes » dont la nature devait être élucidée. L'Évolution serait pour une part sentimentale et je me proposai d'examiner jusqu'où cette métaphore pouvait conduire : une recherche, une sorte de méditation, qui a donné naissance à ce livre.

PREMIÈRE PARTIE

Manières d'être

« Il y a autant de diverses espèces d'hommes qu'il y a de diverses espèces d'animaux, et les hommes sont, à l'égard des autres hommes, ce que les différentes espèces d'animaux sont entre elles et à l'égard les unes des autres. »

FRANÇOIS DE LA ROCHEFOUCAULD.

L'analogie si personnellement ressentie entre des comportements humains et la stratégie d'animaux comme la patelle m'a conduit à établir beaucoup d'autres parallèles du même type, qui sont venus étoffer le point de départ de mes réflexions. Ces comportements, ces stratégies, je les vois d'abord comme des manières d'être en face du monde, car, de façon plus générale, la vie elle-même ne peut être considérée autrement que dans ses rapports avec ce qui l'entoure. Claude Bernard, sans doute l'un des premiers, l'a définie comme « un conflit, une collaboration » avec le milieu extérieur.

Ce n'est sûrement pas un hasard si les physiologistes sont particulièrement sensibles aux interactions innombrables qui existent entre la vie et son monde puisqu'ils les voient à l'œuvre continuellement dans les expériences qu'ils réalisent pour étudier le fonctionnement des êtres vivants. Ils savent qu'à tous les niveaux d'organisation le monde influe sur ce fonctionnement ; ils savent aussi que le vivant dirige ses réponses au monde. La manière dont l'Évolution biologique est présentée dans ce livre se ressent du fait que l'auteur est lui-même physiologiste.

Le conflit, la collaboration, que j'estime donc être les deux modes essentiels d'interaction d'un être vivant avec son monde, se manifestent vis-à-vis des facteurs si divers de ce dernier. Ce sont d'abord tous les facteurs physico-chimiques comme la température, la lumière, l'eau abondante ou rare, la concentration en oxygène et la manière dont ces facteurs varient avec le temps, de façon plus ou moins cyclique, avec les saisons ou le jour et la nuit. La vie elle-même introduit des facteurs supplémentaires qu'on appelle biotiques, comme la nature, l'abondance et la diversité des organismes présents.

La combinaison des facteurs physicochimiques et biotiques définit des types de milieux comme la forêt tropicale, les zones polaires, les montagnes, les déserts, les savanes. L'océan a aussi ses décors, des eaux de surface aux abysses ou encore à la zone des marées, sans oublier les estuaires, voies d'accès aux eaux douces, rivières, lacs et étangs. Chacun de ces décors est plus ou moins homogène et peut contenir des éléments multiples appelés écosystèmes, définis par les facteurs physiques, par les populations des diverses espèces représentées et par les interactions qui s'y manifestent entre le milieu et les êtres vivants ou entre ces derniers. Les hommes ont, de plus, fait naître de nouveaux décors par leurs destructions ou leurs constructions ; ils ont ajouté des facteurs sociaux, façonné des paysages, créé les zones cultivées, les villes et leurs banlieues.

CHAPITRE I

DU CÔTÉ DE L'INANIMÉ

Dans la stratégie vitale d'une espèce je considérerai d'abord l'attitude face au monde physique, pour la mettre en parallèle avec nos propres comportements vis-à-vis des objets, des lieux et du temps.

De l'obéissance à l'indépendance

À l'exception notable des mammifères et des oiseaux, appelés pour cette raison homéothermes, la température interne des êtres vivants varie avec celle du milieu extérieur. C'est une sorte d'obéissance générale et passive comme celle des hommes dont la vie se déroule au gré des événements qui se produisent autour d'eux.

L'obéissance au monde prend bien d'autres tours plus spécifiques. Elle est alors marquée par l'existence de caractères particuliers, concernant l'une ou l'autre des fonctions vitales et permettant la survie ; sa part dans la stratégie vitale peut être plus ou moins spectaculaire. Les innombrables spécialisations d'animaux peuplant les milieux les plus divers, qu'ils peuvent ainsi supporter et éventuellement utiliser au maximum, sont décrits comme des « merveilles de la nature » dans presque autant de magazines et d'encyclopédies ou de documentaires télévisuels. L'embarras du choix !

Un milieu particulièrement original caractérise certains points du fond des océans où la croûte terrestre est soumise à de fortes contraintes tectoniques. L'eau de mer s'infiltre à la rencontre du magma et leur mélange donne ensuite naissance à des sources hydrothermales ; le fluide qui s'échappe, souvent à température élevée, est chargé de métaux et de gaz, surtout d'hydrogène sulfuré. Dans ces petits mondes agressifs, on a pourtant découvert une vie foisonnante, plusieurs milliers de fois plus abondante qu'aux alentours. On y observe des crustacés et des poissons qui se nourrissent des espèces, vers et mollusques, occupant le centre de ces oasis sous-marines dont elles constituent les éléments les plus typiques. Ces dernières espèces sont souvent de grande taille et nouvelles pour la science, comme le *riftia*, long de plus d'un mètre, dont le rouge éclatant a fasciné ses premiers observateurs ; une physiologie tout à fait exceptionnelle leur permet de prospérer dans ce monde bizarre pour nous mais leur interdit de survivre en l'absence de fluide hydrothermal : dépourvues de tube digestif fonctionnel, elles tirent finalement leur énergie de l'hydrogène sulfuré et non pas, comme la quasi-totalité des êtres vivants, du rayonnement solaire.

Les zones les plus froides de l'océan Antarctique sont peuplées par un groupe de poissons, apparentés aux perches, qui sont même capables de s'aventurer au voisinage des glaces. Ils produisent en effet des substances jouant un rôle d'antigel si bien qu'ils tolèrent un abaissement de leur température corporelle jusqu'à $-2,2°C$ alors que la grande majorité des poissons gèle en présence de glace quand leur température atteint $-0,8°C$.

Le cycle vital des grenouilles et des crapauds

comporte des étapes aquatiques et des étapes aériennes, raison pour laquelle ils sont appelés amphibiens. Ils naissent et se développent d'abord dans l'eau sous forme de têtards mais, après la métamorphose, ils mènent une vie terrestre sauf au moment de la reproduction nécessairement aquatique. Il existe bien d'autres espèces d'amphibiens dont certaines, de façon surprenante, vivent dans des régions très pauvres en eau, même dans des déserts. La contradiction entre ces milieux et les caractères généraux des amphibiens est levée grâce à tout un arsenal de solutions concernant les échanges d'eau, les comportements et la reproduction ; des crapauds africains sont par exemple vivipares : la ponte et le développement des embryons s'effectuent à l'intérieur du corps de la femelle, si bien qu'ils sont ainsi protégés de la dessiccation.

Les membres des taupes et autres animaux fouisseurs ont une anatomie qui leur permet de creuser des terriers dans les sols meubles. Chez ces mammifères souterrains les yeux sont extrêmement réduits. L'absence ou la réduction d'organes apparemment inutiles dans le monde fréquenté est une sorte d'obéissance extrême ; plus l'obéissance est marquée, plus elle est du même coup contraignante, interdisant de vivre dans un autre monde que celui auquel on est assujetti, et limitant donc les possibles.

Supporter, utiliser le monde font aussi partie de nos propres stratégies. Certaines de nos obéissances sont telles qu'on en oublie leur sens initial et même celui du monde qui a contribué à leur installation. Il est des hommes qui accumulent des objets d'intérêt discutable, finissant par ne plus laisser que d'étroits passages dans les couloirs de leur appartement. D'autres se passionnent chaque jour pour les actualités de la veille jusqu'à refléter seulement dans leurs conversations quotidiennes le monde que la télévision vient de leur offrir. Des activités futiles et gratuites deviennent des buts en elles-mêmes. Et si l'on fait une excursion dans le microcosme de la recherche scientifique elle-même, censée cultiver l'inattendu et le neuf, on s'aperçoit qu'elle n'est pourtant pas à l'abri de ces dangers. Les chercheurs doivent accumuler des faits, souvent d'intérêt mineur, afin de les transformer le plus vite possible en un texte écrit qui leur sera comptabilisé par les marchés de la gloire ou du moins par les commissions d'évaluation. L'auteur aura de plus avantage, pour que son texte accède ainsi à la dignité artificielle de publication, à obéir aux modes, à inscrire son thème de recherche dans les domaines de ses juges, et c'est un autre risque d'obéissance. Certains chercheurs peuvent se délecter de longues années d'un sujet de recherche éminemment ponctuel et des techniques qu'ils utilisent, devenues des fins en elles-mêmes, sans chercher à leur donner plus de sens. Bien sûr, les progrès de la science nécessitent ce travail de fourmi... mais ils n'interdisent pas le bien autre plaisir qu'on peut trouver en replaçant les microrésultats dans un contexte général. Plus généralement, l'accumulation des données culturelles, qui nous apparaît parée de qualités, peut n'être qu'une érudition fermée sur elle-même, une obéissance au monde des idées qu'on cherche ainsi à s'approprier.

Tout cela risque de déboucher sur des habitudes qui restreignent notre liberté, comme les spécialisations sont contraignantes pour les espèces.

L'obéissance au monde prend un tour particulier lorsque celui-ci présente des changements réguliers correspondant aux quatre cycles géophysiques majeurs : celui des marées, celui de la lune qui lui est lié, l'alternance du jour et de la nuit (les cycles circadiens, du latin *circa*, « environ », et *dies*, « jour ») ainsi que celle des saisons (les cycles annuels).

On trouve fréquemment des exemples du premier chez les invertébrés côtiers ; les *Convoluta roscoffensis*, du nom du port breton cher aux zoologistes marins, sont des vers plats de quelques millimètres ; ils s'assemblent en colonies qui marquent des zones vertes sur la plage que le reflux a abandonnée et se renfoncent à nouveau dans le sable au flux ; gardés au laboratoire ils conservent pour un temps une sorte de mémoire de la marée. Les cycles circadiens nous sont familiers avec l'alternance de la veille et du sommeil, de la vie active et du repos. Le cycle menstruel de la femme est d'environ vingt-huit jours.

Les cycles annuels, enfin, déterminent beaucoup d'aspects du fonctionnement vital. Chez des espèces très variées, des invertébrés marins aux mammifères sauvages, la reproduction n'a lieu que pendant certaines périodes de l'année, où le jeune rencontre des conditions favorables. Tous les amateurs d'huîtres savent que l'apparence et le goût de ces mollusques changent en été avec la maturation des organes sexuels. Les accouplements se produisent en été chez les petits rongeurs comme le campagnol mais en hiver chez le renard et le vison.

D'autres habitudes annuelles, l'hibernation et l'estivation, permettent de supporter une saison difficile. La première est une sorte de léthargie, avec baisse de la température corporelle, qui s'installe à l'approche de l'hiver chez certains mammifères et oiseaux, homéothermes le reste de l'année. Beaucoup d'espèces montrent une tendance à l'hibernation avec une intensité et des modalités très diverses. La marmotte, qui se retire dans son terrier, le hérisson qui se confectionne une sorte de nid, le loir ou le lérot qu'on trouve souvent dans les habitations humaines sont parmi les mammifères qui subissent une hibernation profonde. L'hibernation est en somme une des solutions données aux problèmes posés par les conditions hivernales, à la baisse de la température et à la diminution de la nourriture disponible. Une torpeur encore, mais estivale, marque le cycle annuel de poissons tropicaux à poumons, les dipneustes, et intervient quand s'assèchent les marigots où ils vivent. Ils s'enkystent alors dans un « cocon » de mucus durci, au fond d'un terrier creusé dans la vase ; ils y mènent, en attendant le retour de la saison humide, une vie latente marquée par le jeûne et la réduction des activités physiologiques.

Pour nous, le rythme même des occupations constitue une habitude comme l'alternance du repos et du travail ou celle d'activités différentes au long de l'année ou de la journée. Mais notre esclavage peut être marqué par bien d'autres cycles mineurs comme l'achat quotidien ou hebdomadaire de journaux, l'attente d'événements saisonniers de toutes sortes, fêtes religieuses ou profanes, vacances, manifestations sportives, festivals...

Certains mondes sont des maîtres difficiles à suivre : ceux qui changent non plus seulement de façon cyclique mais aussi de façon aléatoire.

Une des solutions données par la vie à ces situations est l'existence autour d'elle d'un petit cercle, qui la protège des dangers du vaste monde, mais auquel elle est en revanche entièrement soumise. C'est la carapace de beaucoup d'arthropodes comme le homard et la coquille de beaucoup de mollusques. La patelle que j'ai déjà évoquée, la « bernique » bretonne, fixe si fortement sa coquille sur les rochers de la zone des marées qu'une traction de plusieurs kilogrammes est nécessaire pour l'en détacher. Cela lui permet, non seulement de supporter les longues heures de vie aérienne autour de la marée basse grâce à la réserve d'eau qu'elle a constituée, mais aussi de se défendre contre les prédateurs ou les aléas des tempêtes. Au flux, on peut la voir se détacher légèrement, sortir précautionneusement son mufle et s'aventurer aux alentours pour brouter les algues et collecter les diatomées qui s'y trouvent, avant de revenir se fixer à la place qu'elle occupait auparavant.

Pour beaucoup d'hommes, la possession d'un chez-soi plus ou moins confortable et luxueux est essentielle ; c'est une sorte de forteresse dans laquelle l'individu ou la famille se replie à l'abri du monde, et ce désir est si présent dans nos sociétés qu'il a mérité le néologisme anglais *cocooning* (rencontre involontaire avec le cocon des dipneustes !). On peut même y mettre les images d'autres mondes que sont les photos ou les films amassés. Au Japon, les jeunes *utakus* s'évadent dans le virtuel en accumulant des vidéocassettes de leurs monstres préférés ou de leurs chanteuses-idoles dont les représentations sous formes de poupées ont aussi un immense succès. Notre construction d'un monde va plus loin. Les habitants de certaines villes, comme celle d'Edmonton au Canada, édifient, pour pallier les hivers trop froids, des ensembles entiers, de la plage artificielle à l'hôtel, indépendants du milieu extérieur ; pour le seul agrément, des installations de ce genre commencent à s'édifier dans toutes les capitales. Ce monde artificiel peut être plus immatériel comme ceux issus de certaines drogues. Les mondes ainsi créés pour permettre le repli à l'abri du vrai imposent à leur tour des contraintes auxquelles on obéit.

Alors que de nombreuses espèces se cantonnent dans un monde étroit, toujours le même, d'autres sont largement répandues, avec des populations habitant des milieux différents, grâce à une certaine indépendance vis-à-vis de ces derniers. L'indépendance de la vie face au monde ne peut être que relative et partielle : pour seulement un ou quelques facteurs du milieu extérieur et pour une gamme limitée de leurs changements.

Alors que la plupart des espèces de poissons vivent en eau douce ou bien en mer, certains, appelés euryhalines, peuvent vivre dans des eaux de salinités très différentes : par exemple les tilapias, les mulets et tout particulièrement les anguilles et les saumons.

Les oiseaux et les mammifères qui, sauf pendant l'éventuelle hibernation, maintiennent constante leur température interne sont ainsi capables de regarder avec une certaine philosophie les variations de celle du milieu extérieur. En réponse au froid, les hommes ont, de plus, appris depuis longtemps à se couvrir de peaux de bêtes ou de leurs succédanés.

Et nos indépendances les plus marquantes ? Il ne faut pas bien sûr les chercher dans richesses et pouvoir : on sait depuis La Fontaine au moins que le savetier était plus heureux avant d'être fortuné. L'euryhalinité et l'homéothermie nous font penser que la véritable indépendance est plutôt dans la capacité de supporter allégrement les changements, même imprévus, de notre monde ; les cyniques grecs nous apprennent l'indifférence face aux pressions ou aux tentations du confort matériel, de l'argent, des objets, comme Diogène qui, « voyant un jour un petit garçon boire dans ses mains, jeta son gobelet hors de sa besace en s'écriant : un gamin m'a dépassé en frugalité ! Il se débarrassa aussi de son écuelle quand il vit pareillement un enfant qui avait cassé son plat prendre ses lentilles dans le creux d'un morceau de pain ». (Diogène Laërce, *Vies et sentences des philosophes illustres*.)

Changer de monde

L'indépendance permet non seulement de supporter des variations du monde mais aussi d'en changer. Les poissons euryhalins sont capables de peupler les estuaires et, de cette base de départ, de visiter des milieux très divers sans souci de la salinité de l'eau. Les homéothermes peuvent, en y menant toujours à peu près le même type de vie, alterner des séjours dans des zones froides ou chaudes. Ils sont ainsi aptes à profiter successivement des avantages, par exemple une alimentation abondante, qu'offrent l'un ou l'autre monde, ou bien au contraire à en fuir les inconvénients, prédateurs ou pollutions.

Les hommes sont biologiquement capables de vivre dans des mondes très divers et bon nombre d'entre eux ont aussi la chance de pouvoir effectivement et facilement changer de monde grâce aux moyens élaborés par la civilisation.

Nos voyages présentent des caractères très divers. On pense d'abord à ceux qui ont un but, lieu de vacances ou de travail ; pour certains d'entre nous, la rapidité du voyage est essentielle et cela a donné naissance à une tendance de la civilisation occidentale marquée par un progrès continu de la vitesse des transports depuis le char à bœufs jusqu'aux avions supersoniques et aux fusées. L'augmentation des capacités de déplacement est positive puisqu'elle permet la découverte de nouveaux mondes, mais l'augmentation de la vitesse, elle, peut être néfaste, et on a été jusqu'à dire que l'invention du moteur à explosion avait été une catastrophe. La vitesse qui nous est offerte permet d'aller très loin, mais elle annihile tout ce qui est entre les points de départ et d'arrivée ; les voyages deviennent des déplacements ; le train à grande vitesse tue les petites gares et restreint en fait le monde visité. De plus, les outils de la vitesse, censés apporter plus de liberté, deviennent à leur tour des maîtres et sont dévoyés de leurs buts par les excès de leur utilisation, par les embouteillages ou les grèves des avions : inconvénients d'une spécialisation de plus en plus poussée.

En réalité, pour la plupart des voyageurs, les motivations du déplacement sont complexes. On peut certes décider de se diriger vers un lieu précis, mais aussi rêver d'une ambiance générale, d'un site déjà vu ou d'un inconnu à découvrir, partir pour se faire de nouveaux souvenirs.

Pour Baudelaire (*Les Fleurs du mal*), « les vrais voyageurs sont ceux-là seuls qui partent pour partir », à cause d'un besoin ou d'une envie, pour quitter un monde agressif ou simplement ennuyeux. Ils font ensuite halte ici ou ailleurs au gré des sensations et j'ai connu des voyageurs qui pouvaient passer des mois, seuls et sans s'ennuyer, dans un village crétois ou bien une petite île antillaise où ils étaient arrivés un peu par hasard. Un autre voyageur n'a de cesse, après avoir passé une nuit dans un lieu d'abord jugé paradisiaque, qu'il n'ait repris sa voiture pour découvrir une nouvelle étape, un nouvel inconnu. Cette sorte de vertige du voyage, le *Wanderlust* des romantiques allemands, est peut-être aussi à l'œuvre dans la quête américaine, décrite par Nabokov, de Humbert Humbert et de Lolita ; le thème de l'errance revient aussi dans nombre de films récents, dans les *road movies*, *Thelma et Louise* et beaucoup d'œuvres de Wim Wenders.

Il y a une complexité différente mais bien diverse aussi dans les modalités et les causes des déplacements qui marquent les cycles vitaux de beaucoup d'espèces. Certaines, comme, parmi les poissons marins, le thon et le bar, privilégient la vitesse comme instrument de fuite ou de capture tandis que des balades sont suffisantes, étant donné leurs besoins et le monde où ils vivent, pour les rougets et les vieilles des côtes bretonnes.

Migrations

Les voyages peuvent aussi résulter de contraintes. Chez certaines espèces animales, un changement de monde est étroitement programmé au cours de cycles vitaux qui en deviennent des romans par la diversité des événements et celle des intrigues nouées entre les organismes et le milieu extérieur. Les changements de monde sont parfois effectués par le jeu de grandes migrations qui rappellent la série des « Voyages extraordinaires », ces beaux livres reliés en rouge qu'on donnait autrefois comme prix dans nos écoles, et ils sont associés à des changements morphologiques plus ou moins spectaculaires pouvant aller jusqu'à une métamorphose.

Beaucoup d'oiseaux familiers, hirondelles, canards ou cigognes, migrent chaque année. Dans la plupart des cas, ils font leur nid et se reproduisent dans le Nord à la bonne saison avant de partir vers le Sud à l'automne. Le résultat apparent est un refus d'obéissance aux cycles du monde, effaçant les variations saisonnières. Le pourquoi des départs reste mal connu, mais il implique à la fois des forces internes et externes ; des changements physiologiques programmés le préparent, la baisse de la température et de la durée des jours le déclenche.

Des contraintes, bien sûr différentes, nous font souvent jouer une pièce similaire, avec les migrations vacancières immuables dans leurs dates et leurs destinations. Mais l'enchaînement des actes est souvent inverse, car c'est au cœur de l'été que nous partons vers le soleil du Sud et ces déplacements ne sont pas liés nécessairement à la reproduction même s'ils peuvent être associés à des désirs de rencontres et d'aventures ! Quant aux déplacements de fin de semaine vers une résidence dite secondaire, longtemps souhaités puis rendus enfin possibles par beaucoup d'efforts, ils se transforment ensuite en nécessité. L'habitude contraignante apparaît comme une nouvelle sorte de motivation pour le départ.

Pendant des années, les criquets pèlerins peuplent, solitaires et tranquilles, les environs de la mer Rouge sans faire parler d'eux. Et puis, brusquement, tout change ; un début de rassemblement est associé à une modification des formes, des couleurs, des comportements ; des essaims effrayants se forment qui vont tout dévaster à la ronde jusqu'aux côtes marocaines atlantiques. Comme eux, nous accentuons notre comportement grégaire lors de certaines sortes de voyage, et c'est redoutable pour l'écosystème envahi. À la vue de certaines hordes de touristes ou de l'environnement de certains clubs de vacances, il est difficile, même s'il s'agit d'une image banale, de ne pas penser à ces insectes.

Un autre type, encore, de voyage est l'unique et très longue migration des espèces qui ne se reproduisent qu'une fois dans leur vie. C'est le cas de poissons, les saumons et les anguilles, qui passent une partie de leur cycle vital en eau douce et une partie en eau de mer et sur lesquels je m'attarderai à cause du très durable intérêt que je leur ai porté en tant que biologiste.

Le saumon européen est un grand migrateur typique. Né dans les zones de frai situées en amont des rivières, par exemple des gaves pyrénéens, il grandit en eau douce pendant deux ou trois ans sous la forme de parr présentant des colorations voisines de celles des truites, puis subit un ensemble de modifications, morphologiques, physiologiques et comportementales, véritable métamorphose qui le transforme en smolt, caractérisé d'abord par une livrée brillante qui le fait parfois appeler « sardine du gave ». Il descend la rivière, passe en mer, et le jeune saumon gagne le voisinage du Groenland, où se déroule une seconde phase de croissance. Après quelques années, les poissons accomplissent une nouvelle migration à l'issue de laquelle ils regagnent leur rivière natale, reconnue grâce à une capacité de se souvenir des odeurs auxquelles ils ont été exposés pendant leur jeunesse ; la maturation sexuelle se produit pendant la remontée vers les frayères.

Le cycle vital des anguilles présente un mystère supplémentaire, celui de leur reproduction naturelle à laquelle personne n'a encore pu assister. D'Aristote, qui les imaginait naissant des entrailles de la terre, jusqu'au XVIIIe siècle où la vérité, c'est-à-dire leur reproduction marine, commença à être pressentie, les hypothèses les plus bizarres furent émises. Il n'est pas étonnant que cela ait éveillé l'attention d'esprits très divers, philosophes ou poètes.

En 1877, Sigmund Freud, jeune étudiant en biologie, publiait les résultats du travail sur l'anguille qu'il avait réalisé à Trieste. Il s'agissait d'examiner la structure histologique d'un organe dit « organe lobé » afin de confirmer ou d'infirmer une récente hypothèse selon laquelle cet organe était en fait le testicule. Freud ne put parvenir à une conclusion tranchée, car les individus dont il disposait étaient trop immatures et les spermatozoïdes encore absents. Peut-être cet échec dans la caractérisation d'un sexe chez l'anguille a-t-il joué un rôle dans le développement ultérieur de la pensée de Freud psychanalyste.

C'est pour leurs mystères mêmes que le romancier Julio Cortázar aime les anguilles, des mystères qu'il compare – dans *La Prose de l'observatoire* – à ceux posés par le ciel au constructeur de l'observatoire de Jaipur, le sultan indien Jai Singh. Il préférerait les voir échapper aux scientifiques, qui « embaument les anguilles dans une nomenclature, une génétique, un processus neuroendocrinien, du jaune à l'argenté, des fontaines aux estuaires, et les étoiles échappent aux yeux de Jai Singh comme les anguilles aux mots de la science [...]. Je sais que Jai Singh était avec nous, du côté de l'anguille traçant son idéogramme planétaire dans l'obscurité qui désole la science et lui fait s'arracher les cheveux ».

On peut découvrir avec quelque surprise qu'elles ont même inspiré, Dieu sait par quel cheminement, des paroliers (E. Roda-Gil et J. Bosco) de Juliette Gréco qui chantait :

> « Le cœur des anguilles
> Petites têtes d'aiguilles
> Glissantes et rapides
> Plus fines que le doigt [...]
> Amoureux plutôt
> Pêcheur heureux
> Du cœur des anguilles. »

Qu'il me soit permis de détailler le roman des anguilles... Les anguilles européennes constituent une seule espèce qui peuple toutes les eaux douces, de la Scandinavie au Maroc. Chaque année, à l'automne, des bandes d'individus adultes se laissent emporter vers la mer où elles disparaissent tandis que, l'hiver, de petites anguilles quittent la mer pour remonter les embouchures des rivières. Cela suggérait que ces poissons se reproduisaient dans l'océan Atlantique et conduisit à y rechercher leurs larves ; des expéditions océanographiques, conduites au début du siècle par le Danois Johannes Schmidt, montrèrent que les plus petites d'entre elles se trouvaient dans la mer des Sargasses. Un an ou deux après leur naissance, ces larves, appelées leptocéphales, parviennent aux côtes européennes. En approchant de celles-ci, elles subissent une métamorphose en petites anguilles translucides, les civelles, qui vont pénétrer en eau douce et y subir souvent, sous le nom de pibales qui leur est aussi donné, l'intérêt des gastronomes nantais ou girondins.

Même si la reproduction en mer des Sargasses n'a jamais été observée, on considère donc aujourd'hui que les anguilles, après avoir quitté les eaux douces européennes, effectuent un long voyage prénuptial de quelque six mille kilomètres vers cette région des Caraïbes.

Avant la migration, les anguilles, qui ont passé plusieurs années en eau douce, subissent une métamorphose, la deuxième par conséquent, appelée « argenture » et qui précède le retour à la mer ; le ventre jaune devient blanc brillant tandis que le dos, qui était brun, devient noir. De nombreuses modifications physiologiques se produisent simultanément ; elles préparent le poisson à la vie marine mais, de ce fait même, le mettent en déséquilibre vis-à-vis du milieu où il évolue encore, l'eau douce. Ce déséquilibre se traduit à son tour par des changements physiologiques puis comportementaux qui déclenchent la migration et livrent le poisson aux courants qui l'entraînent vers l'océan. Ainsi, le même événement physiologique joue simultanément deux rôles : il prépare au nouveau monde mais, de ce fait, induit un conflit avec le monde actuel. Les changements anticipateurs vis-à-vis de l'eau de mer sont finalement des contraintes à partir.

Le roman des anguilles est aussi celui de vies humaines marquées à une certaine étape par un conflit auquel le départ apparaît comme la seule solution, un conflit associé à des changements de notre manière de voir le monde, une sorte de métamorphose. Tel, qui a effectué pendant des décennies des déplacements estivaux dans une maison de famille normande, va subir une crise qui le conduira à privilégier une contrée lointaine et chaude. Pour d'autres, ce sont des vies agitées qui précèdent la retraite dans des îles polynésiennes, comme Jacques Brel, Paul-Émile Victor, et tant d'autres qui font aussi rêver. Et du Bellay nous rappelle dans le recueil *Les Regrets*, qu'Ulysse, après son long et aventureux retour de la guerre de Troie, « est retourné, plein d'usage et raison, vivre entre ses parents le reste de son âge ».

Inspiré d'abord par la patelle, je me suis laissé aller à beaucoup d'autres parallèles entre des hommes et des espèces. Les lecteurs y reconnaîtront sans doute des comportements pratiqués ou remarqués, et j'espère qu'ils seront, aussi, tentés de découvrir d'autres analogies parmi la diversité seulement effleurée ici des attitudes face au monde inanimé.

CHAPITRE II

L'UN ET LES AUTRES

Le monde d'une espèce comprend aussi d'autres espèces, celles qui partagent le même ou les mêmes écosystèmes. Pour chacun de nous, il s'agit des autres hommes que nous côtoyons dans notre habitation, notre lieu de travail, bien d'autres « côtés » aussi, et cet aspect de notre monde peut être ressenti comme le plus important. Je me sens assez proche de San Antonio quand il écrit dans *Salut mon pope* : « Et puis du populo dans les ruelles. Ça grouille. J'aime bien sentir foisonner les bipèdes. Les hommes, y a que ça de vraiment intéressant sur la planète. Le Grand Canyon du Colorado et les chutes du Zambèze, ça a de la gueule, naturellement, mais ça n'évolue pas. La nature érosionne, un point c'est tout. »

Partout, « ça grouille » plus ou moins, ce qu'expriment les écologistes en disant que les peuplements, dans un écosystème, présentent des structures bien diverses par le nombre et l'importance relative des espèces. Il peut réunir de nombreuses espèces représentées par des populations équivalentes ou bien une espèce majoritaire associée à quelques autres, avec bien sûr toutes les situations intermédiaires. Les peuplements que chacun de nous fréquente montrent une diversité semblable ; nous pouvons être enclins à la compagnie d'un tout petit nombre d'amis, préférer la variété de rencontres anodines que procurent cocktails ou buffets, ou bien encore les foules d'inconnus complices dans les salles de spectacles, les stades, les champs de courses ou les manifestations.

Dans un écosystème, les diverses populations spécifiques interagissent de plusieurs manières, par des échanges d'information, de matière et d'énergie. Ces derniers s'effectuent en particulier par les relations proies-prédateurs tout au long de la chaîne alimentaire : végétaux utilisant, grâce à la photosynthèse, le gaz carbonique atmosphérique, animaux herbivores, carnivores, détrivores se nourrissant de débris de proies mortes, sans oublier ceux dotés de régimes mixtes. À chaque étape de cette chaîne règne la diversité, diversité dans le nombre et la spécificité des proies et des prédateurs.

Lorsque plusieurs espèces occupent dans l'écosystème des niches écologiques voisines, c'est-à-dire lorsqu'elles jouent des rôles similaires, une compétition existe entre elles. Dans un registre différent, des collaborations s'instaurent parfois entre des espèces très différentes.

Si nous-mêmes ne nous mangeons pas littéralement les uns les autres, nous montrons en revanche une large panoplie de comportements de compétition pour l'argent et le pouvoir, sans compter le sexe, mais aussi de comportements de collaboration.

Du conflit à la collaboration

Dans les réseaux compliqués de conflits qui animent un écosystème, chacun peut être selon les circonstances agresseur ou défenseur, prédateur ou proie, mais il est en général beaucoup plus l'un ou l'autre.

Nos propres sociétés connaissent bien les dominateurs avoués et puissants qui écrasent ou dévorent et ceux qui, dotés d'une même ambition mais d'une moindre force, sont contraints à des tactiques indirectes. L'urbanité essaye alors de voiler les dents de carnassier ou de dissimuler un autoritarisme qui peut être associé à une méfiance maladive. On pratique l'affût ou la chasse devant soi. Il est fréquent de voir face à face ces divers types de dominateurs pleins d'appétits et de s'ébaudir en comptant les points de leurs luttes titanesques, à condition de ne pas faire partie des proies... Le plus gros, le plus direct, le plus méprisant, l'emporte souvent, car il ne distrait aucune énergie de son but actuel. Le plus papelard s'élève assez brillamment dans la chaîne du pouvoir mais il est toujours à la merci d'une attaque brutale du précédent.

La fuite constitue la première stratégie de défense, mais il y en a bien d'autres. Certains arborent les apparences, les signes, les parures du pouvoir et de la domination ; ils espèrent que cet autoritarisme forcé les protégera en les faisant croire plus sûrs d'eux-mêmes qu'ils ne le sont. On pense à ces animaux qui se protègent des prédateurs en prenant l'apparence d'espèces toxiques ou vénéneuses, comme les insectes dont l'aspect extérieur simule celui des guêpes, ou bien grâce à un aspect repoussant : espèces puantes, immangeables ou même toxiques. Des hommes assument au contraire leur condition de dominés et paraissent même parfois y prendre plaisir, comme si une autorité supérieure était nécessaire à leur équilibre vital.

Une solution, encore, est de se faire oublier, et les exemples de mimétisme où les espèces se confondent avec des éléments de leur milieu extérieur sont nombreux, mimétisme stéréotypé des phasmes, ces insectes à allure de feuille morte ou de brindille, ou mimétisme variable du caméléon et du personnage de Zelig, éponyme d'un film de Woody Allen. Comme plus haut pour faire peur, il s'agit de duper les autres en copiant un modèle adéquat. Dans la phase finale d'un combat, faire le mort est aussi une façon de s'en sortir vivant, beaucoup de prédateurs animaux se désintéressant d'une victime inerte ; si l'assaillant est un homme, il peut s'effrayer alors des conséquences de ses actes.

Une étonnante stratégie qui me semble ressortir aussi à une défense contre le monde est celle d'un désordre personnel, un peu comme le nuage d'encre dont s'entourent les seiches et les calmars... Un ami qui, parmi beaucoup d'autres comportements plus originaux, présente la particularité de ne jamais venir à un rendez-vous qu'avec une ou plusieurs heures de retard érige son attitude en une règle qui est « d'assumer le désordre du monde ». Curieusement, plusieurs personnes avec qui j'ai été très lié ont montré à l'extrême une vie imprévisible et même une absence parfois pathologique de fiabilité. Peut-être avais-je été sensible à ces tentatives désespérées de libération.

Le jeu constitue à l'évidence une fuite du monde réel au profit d'un monde artificiel soumis à des règles strictes, d'un monde créé pour un temps et dans un lieu bien définis. Dans *Les Jeux et les hommes*, Roger Caillois a attiré l'attention sur les parallèles entre des stratégies animales et les jeux humains parmi lesquels il distingue quatre catégories principales. Pour deux d'entre elles, fondées respectivement sur la compétition et le déguisement, l'analogie est évidente ; une troisième catégorie qu'il nomme « ilinx » d'après le nom grec de « tourbillon d'eau », repose sur la recherche du vertige et j'y vois une dérivation dans le jeu de la stratégie de désordre. Caillois donne (d'après un ouvrage de Karl Groos) des exemples de manifestations de l'ilinx dans des comportements animaux : « Les antilopes, les gazelles, les chevaux sauvages sont fréquemment saisis d'une panique qui ne correspond à aucun danger réel, ni même à la moindre apparence de péril, et qui traduit plutôt l'effet d'une impérieuse contagion et d'une complaisance immédiate à y céder. »

Contrairement à ces trois catégories, la quatrième, celle des jeux de hasard, est humaine par excellence. On n'y joue plus seulement avec les autres ou avec soi-même, mais avec le destin que sans doute seul l'homme est capable de concevoir. Dans cette lutte avec le destin, on ne peut plus se raccrocher aux autres ni se référer à ses propres manières d'agir habituelles : c'est peut-être pourquoi les jeux de hasard sont d'exemplaires révélateurs de la diversité des tempéraments et des caractères.

Comme les relations entre la vie et son monde, celles de l'un avec les autres sont marquées non seulement par le conflit mais aussi par la collaboration, par une association qui prend des tours très divers.

D'abord tout ce qui ressortit à une sorte de chasse en bande... De nombreuses espèces d'oiseaux tropicaux se rassemblent pour attaquer les fourmis soldats, un comportement qui favorise la détection et la levée des proies et aide à la défense contre les prédateurs. Dans nos assemblées diverses ou nos partis politiques, clans et factions se constituent afin d'assurer leur pouvoir par des manœuvres et des votes concertés.

Avec moins d'agressivité, les membres de sociétés, secrètes ou non, et ceux d'académies diverses y savourent le plaisir d'être connus et reconnus, sinon toujours appréciés. La recherche de cette reconnaissance, au moins autant que l'échange d'informations, motive les réunions professionnelles comme les congrès scientifiques où chacun se sent devenir plus important.

Les collaborations sont souvent plus asymétriques, les forces et les rôles des partenaires étant très différents.

Parfois, on tire profit d'un plus puissant, qui n'y prête guère attention, comme les mouettes qui suivent les bateaux de pêche pour se nourrir des poisson abîmés qui en sont rejetés. Les poissons pilotes sont fameux depuis l'Antiquité pour leur habitude d'accompagner les requins, comme les membres d'un groupe y trouvent le moyen de bénéficier de la sympathie et de l'aide d'un confrère dominateur.

Plus souvent, il existe un bénéfice réciproque évident et l'association prend le nom de symbiose. La coquille de mollusque où s'est introduit un bernard-l'ermite porte fréquemment une anémone de mer : celle-ci protège le crustacé en piquant les prédateurs qui s'aventurent à proximité et se nourrit des débris alimentaires qu'il lui fournit. Des crevettes améliorent l'état de poissons dont elles nettoient la bouche et les ouïes, les parasites et les particules alimentaires leur servant en retour d'alimentation. Nous n'avons pas à être surpris de ces échanges d'avantages matériels contre une protection puisque nous les voyons fréquemment à l'œuvre, sous des formes un peu différentes, dans nos microcosmes humains. Dans *À la recherche du temps perdu*, Françoise, avec la famille qu'elle sert, « vivait en symbiose [...], pareille à ces plantes qu'un animal auquel elles sont entièrement unies nourrit d'aliments qu'il attrape, mange, digère pour elle et qu'il leur offre dans son dernier et tout assimilable résidu ».

Le nègre d'un écrivain lui fournit son talent au lieu d'un nettoyage, et l'argent remplace le plus souvent la simple nourriture ; les plus rusés enfin accordent à la fois ressources et protection contre l'obéissance.

L'intimité de la symbiose va plus loin. Bien des plantes et des arbres familiers tels les hêtres et les chênes profitent de champignons qui leur sont étroitement associés par les sortes de manchons, les mycorhizes, qu'ils forment autour de leurs racines ; les champignons fournissent à la plante eau et sels minéraux en échange d'éléments plus substantiels comme des sucres. Plus généralement, tout un groupe d'êtres vivants, les lichens, sont constitués de l'association d'algues et de champignons.

Les bactéries sont de fréquents adeptes du mode de vie symbiotique. Dans le sol, celles qu'on appelle rhizobiums prolifèrent au voisinage des racines des légumineuses comme le soja, les pois ou les haricots puis elles les pénètrent et y donnent naissance à des nodosités caractéristiques. Ces associations entre bactéries et cellules végétales possèdent des propriétés originales et importantes ; elles sont capables de fixer l'azote atmosphérique et de l'assimiler sous forme organique au bénéfice de la plante tandis que celle-ci fournit aux nodosités les substances sucrées nécessaires à leur activité. Des bactéries symbiotiques conditionnent la vie des vers et des mollusques qui peuplent le centre des oasis sous-marines auxquelles j'ai déjà fait allusion ; elles oxydent l'hydrogène sulfuré abondant dans le fluide hydrothermal et fournissent ainsi aux animaux l'énergie qui leur est nécessaire. Des bactéries encore, mais aussi des champignons et d'autres organismes très simples, peuplent le rumen des herbivores, une sorte d'estomac supplémentaire. C'est un fermenteur naturel avec une bizarre atmosphère de gaz carbonique et de méthane et, ici encore, pas d'oxygène. Ses habitants traitent la nourriture, la prédigèrent et, de plus, constituent eux-mêmes une part de la nourriture de l'hôte.

Ainsi, les deux organismes associés jouent des rôles différents et complémentaires si bien que leur ensemble est souvent porteur d'efficacité et d'innovation ; en revanche, l'interdépendance des partenaires s'accroît et s'accompagne d'une perte de certaines capacités propres à chacun d'eux, d'une perte d'indépendance et d'individualité qui est poussée à l'extrême dans le cas des parasites.

Si, de même, un groupe humain est rendu plus efficace par la complémentarité extrême des rôles de ses membres, chacun de ceux-ci devient au contraire désarmé lorsque les circonstances de la vie l'isolent.

Les messages et la communication

Pour la domination, la défense ou la collaboration, nous utilisons toute une gamme de messages pour montrer ce que nous sommes ou bien afin de paraître autres.

D'abord le langage : un verbe haut, fort et sûr de lui est une arme redoutable quel que soit le contenu du discours ; la prise de parole, dans toutes les sortes d'assemblées ou de commissions, est déjà une prise de pouvoir comme la force des émissions sonores chez le merle, le grillon ou, plus spectaculaire, le lion.

Le langage articulé n'a pas supplanté chez l'homme les signes plus généralement utilisés par les êtres vivants et qui mettent en jeu tous les sens, comme d'autres émissions sonores, les contacts physiques, les gestes, les mimiques, les odeurs...

Les caractères sexuels secondaires, morphologie ou couleurs, fondent en particulier des messages éloquents, comme les bois des cervidés. L'homme tire partie des siens. Il les met en valeur par des vêtements et des parures. Les barbes, dans toutes leurs diversités, peuvent dissimuler certains signes de faiblesse des visages, et le maquillage joue le même rôle chez les femmes, en modifiant par exemple une bouche aux lèvres trop fines. Le choix d'une couleur de rouge à lèvres ou de cheveux, celui d'un parfum, contribue à définir une personnalité reconnue par les autres, et nos lettres d'amour viennent s'ajouter aux parades nuptiales. Tant de décorations et de titres que les diverses civilisations ont inventés avec plus ou moins de frénésie viennent encore renforcer ces signaux ou compenser leur éventuelle absence.

Presque tous les mammifères émettent des odeurs, soit par l'urine soit par des glandes spécialisées. Comme ces glandes ont des localisations très diverses, les comportements liés au marquage odorant le sont aussi : le hamster frotte ses flancs aux touffes d'herbe qu'il côtoie tandis que les cerfs se servent de leurs pieds. Attraction sexuelle, signe de domination, appropriation d'un territoire... on ne connaît pas toujours bien la fonction de ces odeurs mais elles sont des sortes de cartes de visite comme celle qu'on laissait autrefois, après l'avoir cornée, pour signaler son passage ou celles qu'aujourd'hui nos amis d'Extrême-Orient distribuent avec une exquise profusion.

La diversité de nos messages sous-tend la diversité de nos comportements vis-à-vis des autres. On peut chercher à s'individualiser par l'originalité, ou au contraire à se fondre dans l'uniformité majoritaire, ou encore à suivre une mode qui marquera l'appartenance à un petit groupe, à une classe particulière. On peut s'habiller pour montrer ce qu'on est ou bien pour revêtir une sorte de carapace, pour se donner une nouvelle image.

Nous sommes fascinés par la communication au point de devenir esclaves de la « massification » en cours de notre société par les médias et en premier lieu par la télévision. Quant aux outils de la communication entre individus, ils deviennent souvent, en eux-mêmes, des buts ou des signes comme le téléphone portatif arboré dans les endroits les plus divers. Le fond sonore de beaucoup de lieux publics autrefois propices à la contemplation, à l'intimité ou à la lecture sera-t-il fait des sonneries d'appel agressives ? Plus grave est la nature même des informations échangées, dans lesquelles le bruit de fond est parfois plus important que le sens ; un excès de communication annihile l'information. Toute la biologie nous apprend que se laisser aller à une communication vide de sens est suicidaire. Un organisme où les messages entre les cellules, puis entre les organes, ont perdu leur spécificité est en danger de mort. C'est ainsi que les régulations endocriniennes, qui conditionnent aussi bien le développement et la reproduction que les ajustements au monde, ne sont assurées que grâce à la spécificité d'action des messagers chimiques mis en œuvre, les hormones. Chaque hormone n'agit que sur certains tissus, parfois un seul, parce que dans les cellules de ces tissus cibles, et là seulement, sont présentes des molécules, des récepteurs, qui reconnaissent et capturent en quelque sorte l'hormone. Bien sûr nous avons sur ce système l'avantage de pouvoir choisir à chaque instant les messages que nous voulons recevoir, mais cela reste très théorique ; la fréquence des bavardages insipides et de la langue de bois nous les rend si habituels que nous les recevons avec de moins en moins de sens critique, presque même comme une drogue, et il en est ainsi du journal acheté chaque jour tout en sachant bien que les nouvelles apparemment importantes qui font le titre de la une seront souvent oubliées le lendemain. Le danger d'une telle perte du sens dans les communications humaines peut aussi être évalué d'après celui que court un écosystème lorsque les espèces qui le constituent n'échangent plus les messages régulateurs habituels : il s'effondre.

La solitude

À côté du conflit et de la collaboration existe une troisième voie, celle de la solitude sous ses différentes formes et d'abord la solitude au milieu des autres. Plusieurs aspects de la stratégie vitale permettent à une espèce de s'en rapprocher : originalité de sa niche écologique qui évite les compétitions, nombre restreint de prédateurs et de proies qui limite son implication dans la chaîne alimentaire...

La solitude des hommes parmi leurs congénères est également faite d'originalité et d'indifférence. Elle va souvent de pair avec un refus de certaines institutions et de certaines règles ; les cyniques grecs ont développé à un haut degré la capacité de se libérer non seulement de la domination des objets mais aussi des conformismes et des contraintes sociales : une attitude qu'ils ont préféré illustrer, plutôt que par une doctrine, par des anecdotes comme celle-ci, rapportée par Diogène Laërce dans *Vies et sentences des philosophes illustres*, qui met en action Diogène : « Il admirait des gens qui, sur le point de se marier, ne se mariaient pas ; ceux qui, prêts à partir en voyage, ne partaient pas ; les gens qui s'apprêtaient à se lancer en politique, et ne s'y lançaient pas ; ceux qui avaient en vue d'élever des enfants, et n'en faisaient rien, et ceux enfin qui se disposaient à vivre dans la compagnie des puissants et ne s'en approchaient pas. »

Ne plus voir les autres ou ne plus être vu. Certains d'entre nous manifestent une réelle indifférence envers la plupart des autres individus ; leurs relations avec ceux qui ne font pas partie d'un cercle très réduit de parents ou de complices sont aussi lâches que celles des espèces dont la niche écologique est en quelque sorte protégée. Ne pas être vu, c'est par exemple le résultat des tactiques, évoquées plus haut, qui permettent de se faire oublier des dominateurs. Porter, dans la foule, des lunettes noires réfléchissantes, c'est certes frimer, se rendre mystérieux, mais aussi se protéger de regards déjà ressentis comme une agression. On peut aussi essayer d'ignorer cette agression, comme les « femmes-autruches » décrites par Proust à propos de Gilberte Swann, qui « cachent leur tête dans l'espoir, non de ne pas être vues, ce qu'elles croient peu vraisemblable, mais de ne pas voir qu'on les voit, ce qui leur paraît déjà beaucoup et leur permet de s'en remettre à la chance pour le reste ». Les amateurs de « baladeurs », armés de leurs écouteurs ou de leur casque, partagent peut-être la même motivation.

La solitude parmi les autres a ses plaisirs comme le silence et l'observation ; c'est elle qui permet le mieux de voir la diversité et d'en jouir, la diversité des hommes et des lieux. Sans doute ce plaisir solitaire-là, ce voyeurisme au sens le plus large, est-il une masturbation intellectuelle propre à l'Homme ; sans doute aussi n'est-il pas sans rapport avec la masturbation sexuelle qui n'est pas, cette fois, l'apanage du seul être humain. Quant à la solitude effective, la vie ne fait que l'approcher. Les écosystèmes aux conditions extrêmes, comme les déserts, comme aussi les cavernes et les mers profondes où l'absence de lumière élimine les proies végétales, sont en général pauvres en espèces qui y présentent d'ailleurs des spécialisations précises et outrées. Les ermites, les anachorètes poussent à son comble une solitaire indifférence qui leur permet de cultiver leur différence. Peut-être cette vraie solitude est-elle pour certains préférable à l'autre, si l'on en croit Jean-Jacques Rousseau pensant à lui-même, dans *Jean-Jacques juge de Rousseau* : « Pour un homme sensible, sans ambition et sans vanité, il est moins cruel et moins difficile de vivre seul dans un désert que seul parmi ses semblables. »

Solitude, conflit, collaboration, toutes ces attitudes de l'un vis-à-vis des autres interagissent avec celles de la vie face au monde physique. Nous pouvons tous évoquer des souvenirs qui en témoignent : présence aimée transformant des paysages maussades en paradis ; sites réputés idylliques devenus en revanche moroses ; et souvent le renforcement des uns par les autres comme dans cette notation de Proust : « Mais si ce désir qu'une femme apparût ajoutait pour moi aux charmes de la nature quelque chose de plus exaltant, les charmes de la nature, en retour, élargissaient ce que celui de la femme aurait eu de trop restreint [...]. Et la terre et les êtres, je ne les séparais pas. »

Plus prosaïquement, les facteurs physiques ne se laissent pas toujours oublier ; il suffit d'un coup de froid pour que les serpents engourdis abandonnent leurs activités de prédation ; un monde plus dur amplifie les compétitions ; une sieste au soleil ou la manipulation contemplative d'objets usuels peuvent compenser chez les vieillards solitaires des agréments humains disparus.

Les attitudes du vivant vis-à-vis des autres, comme celles vis-à-vis du monde inanimé, font donc évoquer bien des parallèles, dont j'ai donné quelques exemples, entre des comportements humains et des stratégies d'espèces. Je voudrais maintenant tenter de rechercher, un peu de science à l'appui, quels mécanismes biologiques sont à l'origine des manières d'être comparées et si ces parallèles recouvrent plus que de simples analogies.

DEUXIÈME PARTIE

De l'œuf à l'Évolution

« Le hasard et la nécessité... »

JACQUES MONOD.

« La fortune et l'humeur
gouvernent le monde. »

FRANÇOIS DE LA ROCHEFOUCAULD.

Dans les analogies entre les individus humains et les espèces animales, chacun d'entre eux ou chacune d'entre elles sont apparus comme une entité originale, se singularisant par une gamme de comportements ou par les grands traits d'une stratégie vitale. Ces deux unicités ont des fondements biologiques qui résident d'abord dans le patrimone biologique héréditaire, l'ensemble de gènes qu'on appelle le génome.

Chaque individu est caractérisé par un génome unique, présent dans toutes ses cellules et d'abord dans l'œuf dont il est issu. À partir de cet œuf, il est progressivement formé au cours du développement par une interaction entre les informations contenues dans le génome et celles provenant du monde. Même si chaque individu possède un génome original, tous les membres du groupe zoologique que nous nommons une espèce n'en possèdent pas moins des caractères héréditaires communs qui font, par exemple, que les descendants ne sont pas radicalement différents de leurs parents mais présentent, au contraire, le même plan d'organisation. Les espèces se modifient au cours du temps : c'est l'Évolution biologique, la grande affaire de la vie ; elle est la conséquence de changements du génome, de mutations, pour lesquels le monde intervient. Dans la théorie dite synthétique de l'Évolution, théorie où se moule la pensée de la plupart des biologistes, le monde agit essentiellement en sélectionnant des mutations.

En complément à cette vision des choses, je voudrais insister sur deux autres aspects du processus évolutif. Il s'agit d'abord de l'influence du génome, de signes et de règles qui y sont inscrits et que j'appellerai des *directives internes*, sur ses propres changements. Il s'agit ensuite de la complexité des interactions entre ce génome et le monde.

Les manières d'être des individus et des espèces que j'ai illustrées dans la première partie de ce livre constituent autant de modes de présence au monde, acquis respectivement au cours du développement et de l'Évolution ; le jeu du génome et du monde est à l'œuvre dans les deux cas, mais avec des règles bien différentes. Il en résulte deux types d'ajustements dont il faut examiner les natures, très différentes aussi, avant de se demander quelles relations peuvent exister entre eux.

CHAPITRE III

LE GÉNOME, L'INDIVIDU ET L'ESPÈCE

Chaque être vivant se caractérise par ses formes, son fonctionnement, ses comportements, tous caractères évidents à l'observateur et dont l'ensemble constitue le phénotype. Le phénotype se construit à partir de l'œuf sous la commande du génome, une commande qui est modulée par le milieu extérieur.

Une espèce est constituée par l'ensemble des individus capables, dans les conditions naturelles, de se reproduire entre eux. Ces individus présentent des caractères phénotypiques communs, morphologiques, fonctionnels et comportementaux, qui correspondent à des caractères également communs du génome.

Il existe plusieurs dizaines de millions d'espèces vivantes ; bien d'autres ne sont connues que par leurs fossiles tandis que d'autres encore ont certainement disparu sans laisser de traces. Cette diversité s'est établie, depuis l'apparition de la vie, par les processus de l'Évolution biologique qui, selon la formule de Darwin, est une descendance avec modifications. La descendance s'accomplit par la reproduction, selon les lois de l'hérédité. Quant aux modifications, ce sont les mutations, c'est-à-dire les changements du génome.

Le patrimoine biologique héréditaire

Constitué par les longues molécules d'une substance chimique, l'acide désoxyribonucléique ou ADN, il est pour l'essentiel présent dans le noyau des cellules où il est véhiculé par des organites nommés chromosomes. L'ADN est formé par l'enchaînement de quatre sortes de petites molécules, des nucléotides, et c'est l'ordre dans lequel ils sont placés qui définit les messages portés par le patrimoine héréditaire. L'ensemble des chromosomes constitue le génome, dont la cartographie est actuellement le but de nombreux laboratoires, et qui, du point de vue fonctionnel, apparaît beaucoup plus complexe qu'on ne l'a pensé d'abord.

Certains éléments seulement du génome, souvent une faible fraction de celui-ci, expriment un message : ce sont les gènes au sens propre. Ces messages sont d'abord transcrits en un autre acide nucléique, l'acide ribonucléique ou ARN, dont une catégorie est capable de traduire le message en protéines qui sont, elles, des enchaînements d'acides aminés.

Beaucoup de protéines, codées par les gènes dits « de structure », jouent des rôles essentiels dans le déterminisme des caractères phénotypiques, les formes, les fonctions et leur régulation. Les enzymes qui catalysent les réactions biochimiques, les anticorps et de nombreuses hormones en font par exemple partie.

D'autres protéines, codées par des gènes dits « de régulation », commandent le fonctionnement du génome lui-même. C'est ainsi qu'elles contrôlent l'expression des gènes de structure, la réplication de l'ADN lors des divisions cellulaires et la réparation des erreurs qui peuvent alors se produire.

Quant au reste du génome, qui ne s'exprime pas en protéines, il est constitué de séquences très variées qu'on groupe sous le nom de pseudogènes ; cet ADN apparemment sans fonction a aussi été appelé ADN égoïste. Il peut s'agir de copies inactives d'un gène actif ou de séquences nucléotidiques réellement incapables de s'exprimer. Le génome humain comprend quelque cent mille gènes différents, cent mille messages, représentant un peu moins de dix pour cent des trois milliards de nucléotides qui le constituent.

Des molécules d'ADN sont aussi présentes à l'extérieur du noyau, dans des organites intracellulaires appelés mitochondries. Même si les fonctions de cet ADN mitochondrial et son rôle dans l'hérédité (dans l'hérédité dite cytoplasmique) ne sont pas négligeables, je ne le prendrai pas en considération.

Lorsqu'il existe une reproduction sexuée, et on se limitera partout ici aux animaux qui sont dans ce cas, le génome d'un individu, tel qu'il est présent d'abord dans l'œuf fécondé, est composé de deux stocks chromosomiques provenant l'un de la mère, l'autre du père ; ils sont apportés respectivement par le gamète femelle, l'œuf, et par le gamète mâle, le spermatozoïde. Chaque chromosome maternel est apparié au chromosome paternel qui lui correspond par l'enchaînement des nucléotides ; c'est dire que dans une paire de chromosomes les deux gènes porteurs du même type de message, contrôlant le même caractère, et qu'on appelle des allèles, se font face. Le message final dépendra de l'interaction entre les deux allèles dont l'un peut être dominant ou récessif ; en ce qui concerne par exemple la couleur de l'œil humain, le caractère œil bleu, récessif, ne s'exprimera que si les deux allèles hérités du père et de la mère sont porteurs du message œil bleu. Un cas particulier est constitué par la paire de chromosomes dits sexuels parce qu'ils participent à la détermination du sexe et dont les éléments sont très différents dans l'un des sexes.

Le développement

À partir de l'œuf fécondé, le développement crée, par divisions cellulaires successives, un nouvel individu qui possède le même plan d'organisation générale que ses parents : connaître le déterminisme et le déroulement de ce processus constitue aujourd'hui un but essentiel de la biologie.

La fécondation est l'union des gamètes mâle et femelle, cellules qui présentent la particularité de ne contenir qu'un seul stock chromosomique et non deux, comme c'est le cas de toutes les autres cellules de l'organisme (c'est un « demi-génome » original puisque y sont présents, au hasard, l'un ou l'autre des chromosomes homologues des parents, avec, de plus, des échanges de gènes entre chromosomes). La fécondation restaure une cellule dont le génome, différent de celui de chacun des parents, possède à nouveau deux stocks de chromosomes.

Le développement comprend d'abord une étape, l'ontogénie, où s'organisent les différents tissus et organes, étape suivie de l'âge adulte marqué par des modifications bien plus limitées et au cours duquel la reproduction devient possible, suivi lui-même du vieillissement et de la mort. L'ontogénie met en jeu des transformations multiples des cellules : division, migration, croissance et surtout différenciation. En effet, si le même génome existant dans l'œuf fécondé est ensuite présent dans toutes les cellules de l'individu, celles-ci prennent des allures complètement différentes selon que certains gènes y sont ou non exprimés ; elles se différencient pour former des tissus jouant chacun son rôle, comme, par exemple, les tissus musculaire, hépatique ou nerveux.

Le développement se déroule selon un programme qui implique l'activation successive de nombreux gènes, et cette mise en route en cascade correspond à ce qu'on nomme programme ou horloge du développement. Le fait, souvent observé, que deux jumeaux contractent la même maladie au même âge est une illustration parmi beaucoup d'autres de cette horloge innée.

Une famille de gènes régulateurs, celle des homéogènes, joue un rôle particulièrement important et ils sont souvent pour cette raison appelés gènes de développement. D'abord mis en évidence chez une mouche, la drosophile, leur existence a aussi été démontrée chez les vertébrés, et leur rôle semble très général : ils sont responsables de la construction organisée et successive des différents segments du corps, comme la tête, l'abdomen, les membres. Leur ubiquité chez les animaux les plus divers témoigne d'une unité tout à fait remarquable des mécanismes déterminant le plan d'organisation, une unité qui avait été pressentie dès 1820 par Étienne Geoffroy Saint-Hilaire, lui valant l'hostilité farouche de Georges Cuvier.

La cascade d'événements déterminée par l'activation successive de gènes différents est déjà initiée dans l'œuf, car des manipulations expérimentales réalisées à ce stade sur le cytoplasme sont capables de changer le phénotype final. Plus tardivement dans le développement, des changements programmés des gènes exprimés sont illustrés de façon éclatante chez les espèces à métamorphose. Cette dernière constitue un événement dramatique qui marque le cycle vital de nombreux animaux, comme les insectes et les amphibiens, et qui aboutit à un phénotype de type adulte (à la maturité sexuelle près puisque celle-ci est souvent plus tardive) très différent du phénotype larvaire.

Si, tout au long du développement, le travail biochimique des gènes façonne donc l'individu, ses formes et ses fonctions, il est tout aussi clair que les facteurs du monde sont capables d'influencer cette construction en intervenant à des niveaux et selon des modalités très variés. La température, par exemple, agit directement, chez les animaux non homéothermes, sur la vitesse des réactions chimiques ; plus généralement, elle exerce des effets indirects, par l'intermédiaire de messagers chimiques, d'hormones au sens le plus large. Tous les aspects de la machinerie cellulaire, en particulier l'expression des gènes, y compris les gènes de développement, peuvent ainsi être modulés. Le pouvoir du monde sur le développement, pris au sens le plus large, c'est-à-dire de l'œuf fécondé à la mort, fait que plusieurs phénotypes peuvent finalement correspondre à un même génome, un phénomène désigné sous le terme de *plasticité phénotypique*.

La diversité au sein de l'espèce

À côté des caractères communs, les membres d'une espèce montrent une diversité également innée ; on connaît les différences entre des populations suffisamment isolées les unes des autres ou, chez les animaux domestiques, entre des races de chiens, de chats ou de chevaux sélectionnées par l'homme. La diversité individuelle, et singulièrement celle des hommes, si évidente à nos yeux, est la plus intéressante pour notre propos.

Chaque membre d'une espèce est d'abord unique à cause de son génome original provenant de la recombinaison aléatoire qui s'effectue entre les demi-génomes maternel et paternel au cours de la reproduction sexuée.

Avant l'invention de la sexualité, l'un n'était pas très différent des autres ; les macromolécules qu'on imagine à l'origine de la vie, enchaînements de nucléotides ou d'acides aminés, devaient n'être présentes que sous un petit nombre de formes donnant naissance à des structures identiques ou presque identiques. Les organismes se reproduisant de façon asexuée, c'est-à-dire sans mélange de génomes différents, ne se différenciaient qu'au gré des mutations, et les clones pouvaient longtemps rester tristement semblables.

En revanche, la sexualité bat le jeu du génome à chaque reproduction, un jeu dont la diversité est par ailleurs très renforcée par le fait qu'un même gène est souvent présent sous la forme de nombreux allèles.

Le polymorphisme génétique d'une espèce résulte donc de la variété des formes que prend chaque gène et de celle des combinaisons entre eux. Ainsi, dans l'espèce humaine par exemple, le nombre des combinaisons possibles est si incommensurablement plus grand que celui des hommes vivant et ayant vécu que la probabilité de l'existence de deux génomes identiques est pratiquement nulle, mis à part évidemment le cas des vrais jumeaux.

Et la seconde raison, toute différente, de l'unicité de chaque individu n'est pas moins importante : c'est le caractère original du monde qui l'entoure tout au long de sa vie, qui influe sur l'individu à tous les niveaux d'organisation, depuis l'expression des gènes jusqu'aux comportements.

Dans une espèce, et la nôtre ne fait bien sûr pas exception, la diversité individuelle reflète donc à la fois des différences innées et des différences dans les conditions du développement. Chez l'homme, de nombreux caractères morphologiques sont clairement héréditaires comme les couleurs de la peau et des yeux, la couleur et la structure des cheveux, certaines dispositions des paupières. La morphologie et les succès dans certaines disciplines athlétiques de populations africaines suggèrent qu'il en est de même, par exemple, pour la longueur des jambes. Cependant, en ce qui concerne la taille, on sait qu'elle a nettement augmenté en moyenne dans les pays européens en quelques siècles seulement : c'est dire que les changements dans la façon de vivre ont été dans ce cas prédominants.

En somme, l'histoire individuelle de chacun d'entre nous se déroule dans le cadre général d'un programme propre à l'espèce, mais elle est unique par l'originalité de son génome et par celle du monde auquel il est confronté tout au long de sa vie.

Les bases de l'Évolution biologique

Les mutations peuvent toucher toutes les cellules de l'organisme, mais seules bien sûr jouent un rôle direct dans l'Évolution celles qui affectent le génome des gamètes. Elles induisent, au cours du développement qui suit la fécondation, des changements de phénotype qui sont alors confrontés au monde. Si ces changements sont favorables à la reproduction, les mutations correspondantes tendent à se répandre dans la population où elles sont apparues : c'est la sélection naturelle de Charles Darwin. Il est certain qu'elle joue un rôle important dans l'Évolution, mais des controverses actuelles portent sur sa toute-puissance. J'illustrerai quelques faits qui suggèrent, d'une part, que le monde n'est pas seul à sélectionner et, d'autre part, qu'il agit autrement qu'en sélectionnant.

Une première limitation de la toute-puissance de la sélection naturelle vient de ce qu'on appelle la « théorie neutraliste » de l'Évolution. Pour ses tenants, dont le Japonais Kimura Hisashi est le plus connu, la plupart des substitutions de mutants s'effectuent au cours de l'Évolution par fixation aléatoire plus que par le jeu de cette sélection.

Les néodarwiniens voient l'apparition de nouvelles mutations comme un bloc de pierre vierge que la sélection réduit et façonne afin de mettre en route une adaptation. En revanche, pour la théorie neutraliste, le taux de mutation est le véritable facteur limitant. Cette manière de voir a plusieurs conséquences importantes : le neutralisme contribue à expliquer le polymorphisme génétique et il introduit une force nouvelle, la dérive génétique, capable de faire diverger les populations sans intervention de la sélection.

J'insisterai beaucoup plus sur d'autres aspects de la controverse qui tiennent au progrès considérable de nos connaissances sur le génome et qui donnent à penser que celui-ci exerce des contraintes, qu'on dit internes, sur ses propres changements.

Au cours de ces dernières années, au fur et à mesure que le génome lui-même se révélait plus complexe dans sa nature et son fonctionnement, les mutations responsables de l'Évolution sont apparues bien plus diverses qu'on ne le pensait. La mutation la plus simple est le changement d'un constituant élémentaire de l'ADN, c'est-à-dire d'un nucléotide ; elle présente une probabilité qui peut dépendre de la nature et de la situation de ce dernier et qui n'est donc pas la même pour tous les nucléotides. Des fragments plus longs d'ADN peuvent être éliminés, ou bien au contraire copiés, ou encore peuvent changer de place, sur le même ou sur un autre chromosome. Un gène peut être dupliqué, apparaître ainsi en deux exemplaires, ce qui constitue un mécanisme important de l'Évolution puisqu'une sorte de réserve d'ADN, sans obligation fonctionnelle immédiate, est ainsi créée. Le stock total de chromosomes peut lui-même être multiplié par deux ou même par quatre. L'introduction d'ADN étranger, un « transfert horizontal » de gènes qu'on appelle alors des transposons, apparaît aussi possible du fait de virus ou de parasites. De nombreux travaux expérimentaux sur le transfert de gènes, actuellement menés en vue de soigner certaines maladies génétiques, montrent que l'efficacité du transfert dépend de beaucoup de paramètres, tels la nature de l'ADN ou l'état des cellules receveuses elles-mêmes.

Considérant toutes ces possibilités, on pourrait s'attendre à ce que le changement soit très fréquent. S'il n'en est rien et si, au contraire, l'hérédité est la règle, c'est que le génome dispose de mécanismes très élaborés visant à éliminer la plupart des mutations qui s'y produisent et qu'il existe, par exemple, des enzymes de réparation qui rectifient la plupart des changements avec une efficacité remarquable ; il faut bien réaliser qu'en ce qui concerne les mutations ponctuelles, par exemple, seule une sur dix mille environ échappe à la réparation ! Étant donné, enfin, la structure et le fonctionnement du génome, les mutations qu'il subit ne sont vraisemblablement pas toutes réparées à un même degré.

C'est dire que le caractère aléatoire des mutations finalement acceptées, un dogme longtemps absolu, paraît déjà limité à ce stade et qu'un premier ensemble de contraintes internes se révèle lié à l'anatomie et à la physiologie du génome lui-même.

Les mutations concernent aussi bien les gènes dits de structure que ceux dits de régulation. Dans le premier cas, c'est la composition d'une protéine qui sera finalement changée, avec par exemple le remplacement d'un acide aminé par un autre. Dans le second, les effets sont moins ponctuels et peuvent aboutir à des changements morphologiques très importants ; si, par exemple, les mutations affectent des gènes de développement ou ceux qui les régulent, le plan d'organisation du phénotype ou la chronologie de sa réalisation s'en trouveront modifiés ; les effets sur l'horloge du développement sont appelés *hétérochronies*, accélérations, ralentissements ou même suppression de l'expression de certains caractères.

Les hétérochronies représentent certainement un mécanisme évolutif important, même si leur connaissance est encore surtout empirique. Elles peuvent être observées ou même produites expérimentalement chez certains animaux, en particulier ceux à métamorphose. C'est le cas d'un phénomène, la néoténie, existant chez des amphibiens qui deviennent capables de se reproduire à l'état larvaire ; en somme la métamorphose est supprimée, si bien qu'apparaît une nouvelle forme adulte, un têtard adulte. Et il a souvent été dit que l'homme était un singe néotène parce qu'il est plus proche d'un bébé singe que d'un singe adulte. En revanche, la durée de la phase larvaire peut, chez des crustacés par exemple, diminuer, et les gènes correspondants peuvent être de moins en moins exprimés.

Les effets de certaines mutations au cours du développement se révèlent incompatibles avec les règles qui existent chez l'organisme considéré. On a affaire ici à un second ensemble de contraintes internes, dites contraintes de développement, capables d'effectuer une seconde sorte de tri parmi les mutations acceptées par le génome.

Le terme de « contraintes internes » risque d'impliquer dans notre esprit que leur rôle se limite à celui d'empêcheurs alors qu'elles doivent être considérées aussi de façon positive comme capables de définir le cadre des changements ultérieurs : je préfère les nommer *directives internes*. Le choix de ce terme est conforté par le fait, sur lequel je reviendrai, que le génome peut aussi influer sur sa propre évolution, et cette fois dans le cadre de la sélection darwinienne, par encore une autre voie : il détermine les capacités d'ajustement du phénotype à des mondes plus ou moins variés, donc la plus ou moins grande diversité des pressions de sélection qui s'exerceront sur lui.

Un autre aspect parfois sous-estimé tient au fait que les êtres vivants contribuent, d'une manière qui dépend de leurs directives internes, à construire le monde qui les sélectionnera. Dans de telles situations se manifestent ce qu'on appelle des rétrocontrôles entre les deux éléments interagissant, rétrocontrôles qui peuvent être négatifs ou positifs. Les premiers, les plus fréquents, tendent à maintenir un équilibre, tandis que les seconds engendrent instabilité et changements ; de tels effets sont susceptibles de se manifester au cours de l'Évolution des organismes.

On peut aller plus loin dans le rôle assigné aux effets de la vie sur le monde. C'est ce qu'a fait un scientifique anglais, Saunders, dans un article intitulé « Évolution sans sélection naturelle : nouvelles conséquences de la parabole d'un monde de pâquerettes ». Il y décrit une planète hypothétique peuplée de deux espèces de cette fleur, respectivement noire et blanche, pour lesquelles la température optimale est commune (disons 22,5°C). La température de la planète dépend de la luminosité du soleil et de la capacité de la planète à réfléchir la lumière. Or cette capacité est elle-même conditionnée par l'abondance relative des pâquerettes blanches et noires... Par un raisonnement pour le moins amusant, on arrive à l'idée que ce sont en somme les pâquerettes qui « adaptent » la planète à leurs exigences !

C'est donc, en tout cas, par des mécanismes multiples que les informations contenues dans le génome constituent des directives internes, et il faut souligner que les nouveautés, les mutations qui s'inscrivent dans le génome, sont à leur tour capables de jouer ce même rôle directif.

Enfin, un domaine où les connaissances et la réflexion ont également progressé récemment est celui des effets du monde sur l'Évolution. Bien sûr, il est responsable, en triant les phénotypes, de la sélection naturelle, mais il est aussi capable d'influencer la mutagenèse elle-même. On connaît depuis longtemps les effets mutagènes ponctuels de facteurs physico-chimiques comme les rayons ultraviolets ou les substances cancérigènes, mais il apparaît de plus en plus que le monde est capable d'exercer des effets plus généraux en affectant des gènes de régulation et le métabolisme général de l'ADN. Il s'ensuit que le génome peut répondre au monde soit en diminuant son taux de mutations (un renforcement en somme des mécanismes de réparation des erreurs), soit en l'augmentant, un effet qu'on appelle SOS. Sans qu'on en connaisse avec certitude le mécanisme, on observe aussi qu'un monde inconfortable augmente en particulier l'importance des mutations par transposition, le jeu de ces gènes qui peuvent sauter d'un génome à l'autre.

Ainsi, le jeu du génome et du monde apparaît de plus en plus complexe. Le monde est capable de faire varier le génome non seulement en sélectionnant des phénotypes mais aussi, de façon plus directe, en modulant, selon diverses modalités, la mutagenèse. En retour, et par diverses voies aussi, les gènes sont capables d'induire, pour les êtres vivants, des changements de monde.

CHAPITRE IV

LA THÉORIE SYNTHÉTIQUE DE L'ÉVOLUTION ET LES DIRECTIVES INTERNES

Le darwinisme, né avec la publication de *L'Origine des espèces* en 1859, et les progrès ultérieurs de la génétique ont donné naissance, en se combinant, à une théorie dite « synthétique » de l'Évolution à laquelle souscrivent la plupart des spécialistes actuels, avec toutefois des nuances fort marquées.

Pour beaucoup, la sélection par le monde de petites mutations aléatoires successives est l'unique moteur de l'Évolution : c'est le processus d'adaptation, un terme qui devient alors synonyme d'Évolution.

D'abord limitée par Darwin au choix des plus aptes à se reproduire, la sélection s'est vu donner des pouvoirs bien plus larges. On confère une valeur sélective à un caractère héréditaire non seulement pour son effet direct sur le nombre de descendants, mais aussi plus généralement parce qu'il favorise la survie jusqu'à l'âge adulte, en somme pour l'accomplissement optimal, dans un monde donné, de toutes les fonctions de l'organisme. Et puis on cherche à identifier une valeur sélective non plus seulement au niveau de l'organisme mais aussi à bien d'autres niveaux : écosystème ou population, organe ou même molécule ; partout on considère que le seul moteur du changement est un tri effectué par l'environnement. La défense et l'illustration de ce programme de recherche, parfois qualifié de « programme adaptationniste », ont conduit un grand nombre de chercheurs à déployer une ingéniosité obstinée, mais les résultats obtenus ont souvent contribué plus à défendre la théorie synthétique qu'à mieux faire comprendre l'Évolution. Dans ce cadre, les études sur l'Évolution et singulièrement leur vulgarisation ressortissent à une discipline qu'on pourrait nommer « adaptologie », où les descriptions les plus scientifiquement détaillées n'empêchent pas un enthousiasme admiratif qui reste parfois dans la lignée de celui de Bernardin de Saint-Pierre écrivant dans *Les Harmonies de la nature* : « Bien des gens regardent les insectes sanguisorbes comme produits par une puissance malveillante ou au moins imparfaite ; mais tout est à sa place dans l'univers. Ces insectes, qui ne foisonnent que dans les chaleurs, pompent les humeurs surabondantes des corps des hommes et des animaux ; ils les empêchent de se livrer à de trop longs sommeils ; ils les forcent de recourir aux bains si salutaires. Les mouches obligent, vers le milieu du jour, les bœufs de quitter les vallées et de chercher de nouvelles pâtures aux sommets des montagnes. » Ou encore : « Les poissons ont des langues courtes et immobiles, adhérentes à leur mâchoire inférieure. C'est par cette raison qu'ils sont muets : ils n'avaient pas besoin d'un des organes du son dans un élément qui n'est pas sonore. »

Un certain nombre de biologistes critiquent d'ailleurs le « programme adaptationniste » et l'Américain Stephen Jay Gould y voit un raisonnement qu'il appelle « panglossien » en référence à Voltaire : tout est pour le mieux dans le meilleur des mondes possible. Il fait alors écho à Nietzsche qui écrivait en 1887 dans *La Généalogie de la morale* : « On met au premier plan l'adaptation, c'est-à-dire une activité secondaire, une simple réactivité, on en vient à définir la vie même comme une adaptation interne, toujours plus adéquate, à des circonstances extérieures. C'est ainsi que l'on méconnaît la nature de la vie, sa volonté de puissance. »

Même en ce qui concerne l'acquisition des caractères liés de façon évidente à l'ajustement au monde, et pour lesquels le processus adaptatif a donc vraisemblablement été très important, le programme adaptationniste rencontre un premier écueil. En effet, certains de ces caractères peuvent avoir été sélectionnés pour une utilité différente de celle que nous leur attribuons aujourd'hui. Ils ont été nommés assez justement, pour cette raison, *exaptations* et l'on a, par exemple, suggéré que les ailes des oiseaux étaient à l'origine avantageuses comme pièges à insectes bien plus que pour le vol. On peut de ce point de vue s'interroger sur le cerveau humain : il semble bien être le même aujourd'hui qu'il y a quelque cent mille ans chez nos ancêtres *Homo sapiens sapiens*, mais sa signification adaptative était-elle, aussi, la même que celle que nous sommes tentés de lui donner aujourd'hui ?

Surtout, ce programme adaptationniste tend à exclure tout autre facteur d'Évolution. Certes, on peut dire que chaque organisme est adapté à son monde puisqu'il y survit et s'y reproduit. Mais partir de cette évidence pour affirmer que tous les caractères innés ont été acquis par le seul processus d'adaptation me semble un raisonnement hâtif, un raisonnement de confort intellectuel.

L'adaptologie donne en effet bien peu d'importance aux mutations neutres, c'est-à-dire acceptées par le monde sans sélection et devenues ensuite favorables, et surtout aux directives internes. Même si chaque être vivant est adapté, cette tautologie que je viens d'évoquer, toute vie ne s'adapte pas à n'importe quoi ni n'importe comment.

Dans le déroulement de l'Évolution, l'importance des directives internes (en particulier celles qui dirigent le développement et déterminent le plan d'organisation général avec lequel les modifications ultérieures de la descendance doivent être compatibles) semble assez évidente, même si cette importance n'a été, au moins jusqu'à ces toutes dernières années, considérée sérieusement que par un petit nombre de biologistes. Parmi les faits qui ont encouragé ces quelques approches « internalistes », je citerai l'existence et les caractères des monstres. Dans la genèse de ces derniers, il existe en effet un ordre qu'Étienne et Isidore Geoffroy Saint-Hilaire, pionniers de la tératologie moderne, ont été les premiers à mettre en évidence. Quelque cent cinquante ans plus tard, Pere Alberch, un collègue espagnol dont j'apprécie beaucoup les idées, écrivait dans une communication à un colloque sur *Ontogenèse et Évolution* : « Les monstres sont un bon modèle pour comprendre les propriétés internes des systèmes générateurs. Ils correspondent à des formes qui n'ont pas de fonction adaptative, mais qui conservent l'ordre structural. Une analyse des monstruosités est une étude de la forme pure au sens classique de la Natürphilosophie. Il existe une logique dans la genèse et la transformation des monstruosités qui nous renseigne sur les contraintes qui existent dans les cas normaux. »

À l'insuccès relatif de l'approche internaliste pendant tant d'années je vois deux raisons principales, l'une historique, l'autre scientifique.

La raison historique est liée à la controverse entre les disciples de Lamarck et ceux de Darwin, et à la défaite des premiers. Certes, pendant la première moitié du XIXe siècle, Lamarck avait bien été reconnu comme le « héros de l'histoire naturelle ». Ses ouvrages, comme la *Philosophie zoologique* (1809), étaient connus et appréciés dans toute l'Europe ; il avait le premier distingué les animaux vertébrés et invertébrés, inventé le terme « biologie », et surtout clairement affirmé que les espèces ne restaient pas immuables, que le « transformisme », au contraire, était responsable d'une complication graduelle des êtres organisés.

Les mécanismes que Lamarck voyait à l'œuvre dans ces changements peuvent se résumer ainsi : l'individu acquiert un caractère par un effort accompli à cause du besoin qu'il en a, et le caractère ainsi acquis est héréditaire. Nous savons qu'il n'en est rien et c'est en mettant l'accent sur ces hypothèses erronées, parfois en le caricaturant, que les adversaires de Lamarck ont ensuite complètement triomphé. L'idée d'une girafe allongeant progressivement son cou pour brouter des feuilles haut placées a fait oublier ce que l'on devait réellement à Lamarck.

À propos de l'« effort » que je viens d'évoquer, Lamarck a souvent fait appel à ce qu'il nomme un « sentiment intérieur ». C'est ici que l'affaire se corse pour notre propos, car le titre même de *L'Évolution sentimentale* fera inévitablement crier au néolamarckisme... Pourtant, quelle que soit la sympathie qu'on peut avoir pour Lamarck, je dois préciser combien son « sentiment intérieur » est différent des « sentiments » que j'évoquerai au long de ce livre. Ces derniers interviennent bien dans l'apparition de caractères, mais par un mécanisme tout différent de celui imaginé par Lamarck. Les sentiments invoqués ici sont des directives internes portées par le génome et, comme telles, ils influencent indirectement, par les diverses voies que j'ai précisées, la nature des mutations finalement acceptées ; ils ne font pas apparaître chez ses descendants un caractère en quelque sorte voulu par l'être vivant.

Essayons, d'ailleurs, d'imaginer quelle aurait été l'allure d'une Évolution régie par l'hérédité des caractères acquis. Dans ce cadre, les organismes se transforment au cours du développement afin de s'ajuster le plus précisément possible au monde où ils vivent et ils transmettent ces nouveaux traits à leurs descendants. On aurait alors affaire à un processus d'adaptation beaucoup plus strict et plus absolu que ne l'est l'adaptation par sélection, un processus où la vie (les « sentiments intérieurs » de Lamarck) ne ferait que répondre au monde dont elle serait esclave. De plus et surtout, on voit difficilement comment un tel processus aurait permis à la vie de répondre aux changements incessants (à l'échelle des temps géologiques) et aléatoires du monde.

Une raison scientifique, plus valable que la réaction antilamarckienne, explique aussi la longue méfiance envers l'intervention de toute force interne dans l'Évolution. C'est que le terme de « contrainte » ou « directive » interne ne représentait qu'une boîte noire, trop mystérieuse pour être prise au sérieux. Aujourd'hui, des progrès foudroyants dans la connaissance de la structure et du fonctionnement du génome, dans les domaines de la génétique physiologique et en particulier de la génétique du développement, permettent enfin de donner à cette boîte noire une place que j'ai esquissée dans le chapitre précédent.

CHAPITRE V

CARACTÈRES ADAPTATIFS
ET ACCOMMODATIONS

Un être vivant est ajusté au monde par des caractères très variés touchant les formes, les fonctions et les comportements. Ils participent tous à l'accomplissement aussi efficace que possible des tâches vitales, dans un monde spécifique, et ils se conjuguent enfin pour contribuer à déterminer les manières d'être, de l'obéissance à l'indépendance, du conflit à la collaboration, illustrées au début de ce livre.

Ces ajustements appartiennent à deux catégories différentes du fait de leur origine.

La première groupe des caractères acquis au cours de l'Évolution, qui sont héréditaires et apparaissent dans le phénotype à des étapes programmées du développement : je leur réserverai le nom de *caractères adaptatifs* sans préjuger du processus évolutif précis qui leur a donné naissance. Autrement dit, l'évident ajustement d'un caractère au monde n'implique pas que ce caractère se soit construit par le seul processus d'adaptation.

La seconde catégorie comprend des caractères qui apparaissent au cours de la vie d'un individu, non comme le résultat du programme de développement mais en réponse au monde, et qui ne sont pas transmis aux descendants. Je les désignerai sous le terme d'*accommodations*, un terme qui désigne couramment, par exemple, les modifications de la courbure du cristallin de l'œil selon l'éloignement de l'objet considéré, et qui a déjà été utilisé dans un sens plus général par un biologiste français, Lucien Cuénot, au début du siècle.

La genèse de ces deux types d'ajustement met en jeu des échelles de temps très différentes : de nombreuses générations pour l'apparition chez une espèce d'un nouveau caractère adaptatif, un moment bref du cycle vital pour une accommodation chez un individu.

Repérer, distinguer et définir, parmi les ajustements de la vie au monde, caractères adaptatifs et accommodations ne sont pas un simple plaisir sémantique mais une démarche nécessaire puisqu'elle permet de s'intéresser aux rapports existant entre eux. On ouvrira ainsi la voie à une réévaluation des parallèles développés dans la première partie, dont on voit maintenant qu'ils étaient établis entre les caractères adaptatifs des espèces et les accommodations des individus humains.

Les accommodations et l'Évolution

La question même des relations entre les accommodations des êtres vivants et l'Évolution ultérieure est quelque peu taboue, surtout en France, par réaction contre un néolamarckisme assez présent dans la première partie de ce siècle. Non, bien sûr, les accommodations, c'est-à-dire les caractères acquis en réponse au milieu extérieur, ne sont pas directement héréditaires. Mais, bien sûr aussi, il existe des faits qui auraient pu le laisser croire et qui ont inspiré une abondante littérature.

Pour rendre compte de ces faits, des phénomènes

d'« assimilation » génétique et de « canalisation » ont été invoqués dans les années trente par Jean Piaget puis par un Anglais souvent méconnu, Conrad Waddington. Même si les mécanismes impliqués restaient souvent vagues, ces idées méritent qu'on s'y intéresse. Piaget, reprenant des idées de James Baldwin, a suggéré que les comportements pouvaient orienter un mécanisme évolutif. C'est un peu la même idée que j'exprimerai en disant que les accommodations possibles sont elles-mêmes capables de jouer un rôle dans l'avenir de l'espèce en déterminant l'extension du monde accessible à l'être vivant qui les possède, et donc le monde qui interviendra ultérieurement dans la sélection des changements. Des caractères adaptatifs spécialisés et apparaissant comme contraignants limitent cette extension, tandis que d'autres, apparaissant comme libérateurs, l'augmentent. Ainsi peut-on dire, tout en restant dans un schéma orthodoxe, que certaines accommodations vont conditionner l'évolution ultérieure, non pas en devenant héréditaires, mais en facilitant le changement du type de présence au monde. Si une espèce est capable de changer de monde, ce nouveau monde va, à la fois, chez l'individu, déclencher de nouvelles accommodations et, dans la lignée, sélectionner des caractères adaptatifs. Il y a toute chance pour que les unes et les autres présentent des similarités : les accommodations révèlent ce qui est possible étant donné les directives internes et donc ce qui peut devenir héréditaire sans poser de problème à ces dernières.

Un terme qui semble également suspect à beaucoup est celui de « tendance évolutive » ou orthogenèse, utilisé pour désigner une évolution se continuant de génération en génération dans un sens déterminé. Sans impliquer un quelconque finalisme, on doit bien pourtant constater l'existence de telles tendances qui montrent d'ailleurs des visages très divers.

Certaines couvrent de longues étapes de l'Évolution, sinon l'ensemble de celle-ci ; elles correspondent en somme à l'image qu'on peut se faire d'un point de vue suffisamment lointain pour que les exceptions nombreuses mais mineures soient gommées. Tels sont l'augmentation de la taille des organismes, l'accroissement de leur vitesse de locomotion, la céphalisation du système nerveux, c'est-à-dire le regroupement de nombreux neurones dans la partie antérieure du corps...

Il en est d'autres, très nombreuses, auxquelles je limiterai volontiers l'appellation d'orthogenèses, qui couvrent un segment limité de l'histoire d'une lignée et pour lesquelles l'aspect adaptatif est le plus apparent. Dans un monde relativement stable ou changeant de façon progressive, de nouveaux caractères sont successivement acquis, permettant à celles des fonctions vitales les plus essentielles dans ce milieu de s'exercer de plus en plus efficacement. C'est en somme un enchaînement d'adaptations successives, que l'on peut imaginer canalisées chacune par les résultats de la précédente, les accommodations des générations successives jouant en quelque sorte un rôle de relais. Si un événement brutal intervient, changement de monde ou changement de directives internes par mutation importante, l'orthogenèse est rompue, soit par la mort des individus, soit par l'apparition d'innovations.

Mutations aléatoires, nécessité du monde... si on admet aussi parmi les sources de la diversité les directives internes et les accommodations, alors apparaît une vision des changements de la vie plus globale que celle généralement acceptée. Le rôle des individus n'est plus limité, pour l'Évolution, à la fourniture des gamètes donnant naissance à la génération suivante, et, en particulier, les stratégies vitales de ces individus ne sont plus négligeables pour l'avenir de la lignée. On peut alors être en accord avec la première des deux phrases bien connues de François Jacob, dans *La Logique du vivant* : « Un organisme n'est jamais qu'une transition, une étape entre ce qui fut et ce qui sera. La reproduction en constitue à la fois l'origine et la fin, la cause et le but », mais non totalement avec la seconde : même pour l'Évolution biologique, le rôle d'un individu peut ne pas se réduire à l'amour et à la mort.

Les caractères adaptatifs conditionnent les accommodations

Si, dans une certaine mesure, des accommodations sont susceptibles de canaliser l'Évolution, donc de jouer un rôle dans l'apparition de nouveaux caractères adaptatifs, ces derniers en retour influent sur les accommodations des espèces qui les possèdent.

Les traits morphologiques et comportementaux, particulièrement évidents à l'observateur, sont les outils, et aussi les témoins, des ajustements fonctionnels : ajustements de ces fonctions essentielles pour l'utilisation du monde et la survie que sont la locomotion, la perception des signaux du milieu extérieur et la réponse à ce milieu, l'échange d'énergie ou de matière. Dans chaque cas on peut voir des caractères adaptatifs moduler les accommodations.

Les nageoires, les membres si divers des mammifères, les ailes des oiseaux, l'appareil à réaction des calmars et bien d'autres organes permettent aux animaux de se déplacer de mille façons dans les milieux les plus divers. On est plutôt enclin au vol, à la nage ou à la course ; on se débrouille avec les outils biologiques hérités de ses ascendants, qui permettent la visite, plus ou moins rapide, plus ou moins prolongée, de milieux plus ou moins divers. Chez l'homme, des caractères innés morphologiques, comme la longueur des jambes, ou fonctionnels, comme la lenteur des battements cardiaques, sont favorables à certains sports, mais l'entraînement reste pourtant nécessaire pour utiliser ces capacités au maximum : on s'accommode en somme à une pression de compétition.

Le stress est l'ensemble des tentatives d'accommodation auxquelles se livre l'organisme en réponse aux agressions les plus diverses. Il vise à favoriser la fuite ou le combat mais provoque bien des effets secondaires que nous-mêmes avons tous expérimentés ; nos manières d'être et d'agir changent ; on rougit, on se tait ou on balbutie ; le cœur bat plus vite. Le stress met en œuvre le système nerveux et des hormones, en particulier l'adrénaline et la cortisone, qui agissent sur de nombreuses cibles avec des conséquences sur la circulation du sang et la production d'énergie. Si l'intensité ou la durée de l'agression est supérieure à une certaine valeur, les mécanismes physiologiques s'épuisent, et apparaissent tous les effets nocifs qui peuvent aller jusqu'à la mort de l'individu. Il existe des différences dans l'intensité du syndrome de stress, mesurée par des réponses hormonales, entre des populations d'une même espèce de poissons ou des souches de rats, tout particulièrement entre le rat sauvage et le rat blanc qui en est issu. Certaines espèces ou sous-espèces de lièvres manifestent une sensibilité exacerbée au stress et développent alors très facilement une hyperactivité pathologique de la glande thyroïde ressemblant à une situation, la maladie de Basedow, rencontrée chez certains individus humains.

Les changements de comportement induits par des agressions chez une espèce comme la souris, particulièrement étudiée à cet égard, diffèrent selon les souches, et cette variabilité rappelle beaucoup celle, individuelle, des symptômes dépressifs chez l'homme. L'une et l'autre reflètent des différences au moins en partie innées dans la production et les effets de substances chimiques sécrétées par les cellules du cerveau, des neurotransmetteurs comme la sérotonine et la noradrénaline.

La respiration, prise d'oxygène et rejet de gaz carbonique, est le fait d'organes variés dont les principaux sont classiquement, chez les vertébrés, les branchies des poissons et les poumons des organismes aériens, mais de nombreux caractères originaux sont présentés par les espèces vivant « entre deux mondes », qui peuvent ainsi se débrouiller avec des présentations changeantes de l'oxygène. J'ai déjà évoqué les dipneustes ; bien qu'étant des poissons, ils possèdent, en plus de branchies, des poumons qui leur sont bien utiles lors du séjour estival dans un cocon et même durant leur vie aquatique, qui se déroule dans des eaux boueuses et peu profondes, puisqu'ils viennent alors périodiquement capturer une bulle d'air atmosphérique à la surface.

Chez les vertébrés, le milieu intérieur, en première approximation le sang, doit conserver une certaine stabilité ; pour la survie des tissus et des cellules qu'il irrigue, une concentration en ions (les constituants chargés électriquement des sels) relativement constante est nécessaire. Cela ne va pas de soi déjà chez les poissons, ni en eau douce ni en eau de mer, puisque cette concentration est respectivement très supérieure ou très inférieure à celle du milieu extérieur. Ces animaux résolvent le problème grâce à plusieurs organes, tout particulièrement la branchie, dont certaines cellules (différentes de celles intervenant dans la respiration) font entrer ou bien font sortir les ions. Alors que beaucoup d'espèces sont confinées à l'eau douce ou à l'eau de mer, d'autres sont capables de fréquenter les deux milieux. Cette propriété, l'euryhalinité, réside dans une capacité particulière de différencier et de stimuler certaines cellules branchiales, et le poisson euryhalin modifie ses échanges d'ions branchiaux quand la salinité de l'eau change : il est capable de s'accommoder à des salinités différentes grâce à des caractères adaptatifs. L'étendue même des variations supportables du monde a, elle aussi, une base héréditaire : des populations distinctes d'un poisson tropical, le tilapia, montrent ainsi des possibilités d'euryhalinité bien différentes, supportant le passage d'eau douce en eau de mer ou seulement une vie en estuaire avec des variations plus limitées.

L'accommodation des mammifères au manque d'eau implique l'apparition de la soif et la diminution de la quantité d'urine excrétée, c'est-à-dire une économie d'eau. Chez la plupart des espèces elle reste assez limitée : après quelques jours de privation absolue d'eau un rat ou un homme meurt. Cela n'est pourtant plus vrai pour certains mammifères qui peuplent des zones désertiques ou arides comme les mériones et les gerboises d'Afrique du Nord. La comparaison des espèces a montré que des structures différentes de certaines parties du rein constituaient les caractères adaptatifs sous-jacents à leurs étonnantes capacités d'accommodation.

L'homéothermie des mammifères et des oiseaux, la constance relative de leur température interne, met en œuvre un ensemble de mécanismes physiologiques, en particulier la régulation de la production et de la perte de chaleur, qui sont orchestrés par des structures cérébrales jouant un rôle de thermostat. Ces caractères adaptatifs sont accompagnés, en réponse à une chaleur excessive, d'accommodations comme l'apnée du chien ou la sudation de l'homme. Ils permettent une vie active dans des mondes et à des saisons bien moins limités que chez les poïkilothermes dont la température interne, je le rappelle, suit celle du milieu extérieur.

Pour toutes ces fonctions intervenant dans le rapport du vivant au monde, certaines espèces se caractérisent donc par des caractères adaptatifs qui limitent étroitement le monde possible, des caractères en quelque sorte contraignants. Au contraire, chez d'autres, des caractères adaptatifs libérateurs élargissent le monde accessible. On peut dire aussi, pour reprendre le terme de plasticité phénotypique, que celle-ci est limitée chez les premières, large chez les secondes.

Fonctions et comportements sont souvent organisés dans le temps, en particulier sous forme de cycles circadiens ou annuels qui sont sous-tendus par des composantes endogènes, des caractères adaptatifs.

L'endogénicité des rythmes est mise en évidence par le fait qu'ils persistent chez des animaux complètement isolés des signaux du monde extérieur. Elle a d'abord été démontrée dans le cas de cycles circadiens, de période voisine de vingt-quatre heures. Une des horloges internes qui les commande est localisée, chez les vertébrés, dans un ensemble de cellules nerveuses, ou neurones, situé dans la partie basale du cerveau. Des découvertes effectuées chez des champignons et des mouches, et qui peuvent être sans doute extrapolées à bien d'autres organismes, montrent que les horloges internes dépendent souvent des variations, elles-mêmes rythmiques, de l'expression de certains gènes.

On commence à soupçonner les mécanismes en cause ; ils mettraient en jeu un gène et une protéine, codée par ce gène, capable d'exercer sur lui un rétrocontrôle négatif. La durée du cycle de base correspondrait au temps compris entre une synthèse de la protéine et la levée de sa rétroaction, permettant une nouvelle synthèse.

Les horloges internes donneuses de cycles doivent être distinguées de l'horloge du développement déjà évoquée qui, basée sur une cascade de stimulations géniques, donne un temps linéaire.

D'autres cycles que les cycles circadiens, les cycles annuels par exemple, possèdent également une composante endogène. Certains, comme ceux de la reproduction chez des mammifères sauvages, reposent en fait sur un cycle circadien de la photosensibilité, et cela par un moyen finalement fort simple. Il existe en effet dans ce cas une période de la journée et une seule où la lumière est capable d'activer les mécanismes neuroendocriniens concernés : leur stimulation a lieu lorsque la période photosensible coïncide avec un éclairement effectif, c'est-à-dire durant des jours suffisamment longs (en été ou au printemps) mais non plus durant les jours courts.

De façon générale, on admet donc qu'il existe des rythmes endogènes innés concernant la perception de facteurs du milieu extérieur et que ces derniers agissent comme déclencheurs ou comme synchroniseurs.

Des astuces adaptatives conditionnent l'obéissance aux variations cycliques du monde en permettant aux animaux de s'y préparer avant que les changements n'interviennent effectivement : l'entrée en torpeur des mammifères hibernants est précédée par un engraissement correspondant à l'accumulation de réserves ; le démarrage puis le déroulement de la maturation sexuelle s'effectuent chez de nombreux animaux à des moments de l'année tels que le jeune naîtra puis se développera à des époques favorables. Ainsi, l'expression phénotypique d'un caractère adaptatif anticipe sur sa nécessité. Il n'y a pas là prescience mystérieuse de la génétique ou de la physiologie mais simplement l'intervention d'un processus évolutif d'adaptation : il était avantageux que les caractères permettant d'affronter le milieu extérieur soient mis en place au cours du développement, avant même que l'affrontement ait lieu. Le succès de cette mise en place ne perdure que si certains aspects du monde actuel, celui du développement, sont restés sensiblement les mêmes que dans le monde ancien de la sélection. Cycles endogènes et phénomènes d'anticipation sont certes des caractères nécessaires à la survie de l'espèce face à leur monde, mais ils sont aussi autant de contraintes qui imposent des stratégies vitales stéréotypées.

Les caractères adaptatifs changent au cours de la vie et les capacités d'accommodation le font aussi parallèlement. De tels événements se succèdent au long du temps linéaire, et les plus spectaculaires d'entre eux sont les métamorphoses. Ces modifications brutales du phénotype, que j'ai déjà évoquées, correspondent à un changement du mode de vie ; les nouveaux caractères phénotypiques dérivant de nouvelles directives internes sont adaptatifs vis-à-vis du nouveau monde auquel la stratégie de l'espèce conduira l'individu, et la métamorphose est donc accompagnée d'un bouleversement des capacités d'accommodation.

Sans parler des insectes chez lesquels ces événements sont spectaculaires mais dont je ne suis pas familier, qu'on pense à d'autres exemples. Lors de la métamorphose du têtard en grenouille, les pattes apparaissent et la queue se résorbe : de nombreux changements de structures, de fonctions et de comportements donnent à l'animal la capacité de vivre hors de l'eau. Un exemple un peu moins connu est celui des poissons plats comme la sole ; dans sa prime jeunesse, la larve de cet animal ressemble à l'image classique que nous avons d'un poisson : elle est symétrique avec en particulier un œil de chaque côté du corps et elle se tient en pleine eau. C'est à la métamorphose que la dissymétrie apparaît et que les deux yeux sont réunis sur la face supérieure pigmentée tandis que la face inférieure claire est posée sur le sable. Le changement de monde, ici le passage d'une vie en pleine eau (une vie pélagique) à une vie sur les fonds marins (une vie benthique), s'accompagne de nombreux changements dans les fonctions vitales, le type de nutrition par exemple, et aussi les comportements.

Beaucoup d'invertébrés marins sont aussi pélagiques

à l'état de larves puis benthiques lorsqu'ils sont adultes, passant alors d'une vie libre à une vie protégée par des coquilles ou des carapaces.

La patelle, que j'ai évoquée péjorativement au début de ce livre, est d'abord une larve pélagique appelée trochophore ; après un stade dit véligère, elle perd le voile qui lui valait ce nom poétique, tombe sur le fond où elle va se fixer et vivre la vie que l'on sait.

Ces alternances de mondes au cours du développement sont la règle chez les invertébrés marins. C'est ainsi que des animaux bien plus primitifs et simples que les mollusques, les cnidaires, passent une partie de leur vie sous la forme d'une méduse pélagique et l'autre sous celle d'un polype fixé.

Pour reprendre des exemples déjà présentés, l'anguille argentée est, plus que l'anguille jaune, capable de s'accommoder à l'eau de mer et ceci à la suite des changements de directives internes qui ont eu lieu au cours de la métamorphose nommée argenture. En effet, les cellules branchiales qui assurent la sécrétion des sels s'activent déjà durant la métamorphose tandis que chez la plupart des poissons euryhalins, comme les mulets ou les tilapias, elles ne le font qu'au moment où le poisson est confronté à l'eau de mer. Chez l'anguille, et il en est de même chez le saumon au moment de la smoltification, le changement se produit déjà en eau douce ; il est programmé, anticipateur et contraignant.

Chez tous ces animaux à métamorphose, le changement de monde ne reflète pas une certaine indépendance mais la succession au cours du développement de deux obéissances à des mondes différents ; la métamorphose donne l'ordre du changement et elle facilite les accommodations au nouveau monde.

Les comportements aussi sont conditionnés par des caractères innés. La descente des rivières par le smolt ou par l'anguille argentée est un exemple de comportement résultant, par des déterminismes que j'ai évoqués, de caractères adaptatifs nouveaux : dans les mêmes conditions extérieures où ces poissons commencent à descendre les rivières, ni les saumons parrs ni les anguilles jaunes ne montrent le comportement migratoire. De façon générale, on trouve toute une panoplie de caractères adaptatifs sous-jacents à de nombreux comportements liés à l'accomplissement des fonctions, depuis les comportements alimentaires ou locomoteurs jusqu'aux comportements sociaux. L'araignée qui tisse sa toile, l'abeille qui danse, l'écureuil qui cache sa nourriture exécutent autant de conduites héréditaires ; on sait bien que les chants des oiseaux émis en réponse à une même situation sont différents selon les espèces. La forme du chant ou des cris, caractère de l'espèce, est souvent adaptée au fond sonore du monde où elle vit, comme le bruit des vagues et du vent pour les oiseaux marins. Ces caractères adaptatifs comportementaux impliquent l'existence de structures cérébrales encore mal connues qui doivent posséder des propriétés déterminées génétiquement. Les progrès actuels dans ce domaine viennent en particulier de travaux réalisés sur des invertébrés dotés d'un système nerveux central relativement simple, comme le homard ou la limace de mer. Le réflexe de fuite d'un insecte familier, la blatte, le vulgaire cafard, est dû à la sensibilité spécifique de certains neurones à un déplacement d'air. Un neurone géant du bulbe des poissons, la cellule de Mauthner, conditionne le réflexe de fuite en fonction des informations reçues du milieu extérieur.

Comme les accommodations fonctionnelles, les accommodations comportementales s'articulent sur des caractères innés, mais un choix, plus ou moins large, n'en est pas moins, ici aussi, laissé par l'hérédité à un individu placé dans une circonstance donnée. Si le plan général de la toile de l'araignée et d'abord la capacité de tisser sont innés, la position et l'extension des toiles permettant la capture des proies varient en fonction de l'habitat. En ce qui concerne le chant des oiseaux, une « recette pour apprendre », selon le terme utilisé par Eibl-Eibesfeldt, élève de K. Lorenz, dans son ouvrage *Éthologie : biologie du comportement*, est héréditaire, mais certaines modalités sont acquises peu à peu par les jeunes. Les comportements liés à l'histoire de l'espèce, instinctifs, sont très importants chez la plupart des invertébrés tandis que leur importance relative diminue chez les vertébrés supérieurs, singulièrement chez les mammifères et l'homme ; les comportements acquis au cours de la vie grâce à l'apprentissage et la capacité de faire face à des situations nouvelles, allant de pair avec une complexification du cerveau, sont au contraire prédominants chez ces derniers, même si subsistent des bases innées sur lesquelles je reviendrai : c'est ainsi que l'existence d'une « recette » héréditaire pour apprendre le langage humain est controversée mais paraît vraisemblable.

Les exemples que je viens de passer en revue me semblent montrer que les deux termes des analogies de la première partie ne sont pas aussi étrangers par nature qu'on aurait pu le penser. Certes, à première vue, les manières d'être des espèces traduisent les caractères adaptatifs généraux qui les caractérisent, mais les caractères adaptatifs exercent en fait nombre de leurs effets par l'intermédiaire des accommodations qu'ils permettent ou interdisent : libération ou contrainte. D'un autre côté, si les manières d'être individuelles des hommes relèvent d'accommodations, elles ne m'en semblent pas moins dépendre de caractères innés individuels. En effet, je ne vois pas pourquoi le polymorphisme génétique humain, dont les effets morphologiques sont bien connus, ne s'exercerait pas aussi sur des caractères adaptatifs modulant la plasticité phénotypique. Il ne me semble pas invraisemblable que même la diversité individuelle des comportements humains, la diversité individuelle de nos manières d'être au monde, puisse avoir un fondement inné : une hypothèse controversée que je vais examiner plus avant dans le prochain chapitre.

TROISIÈME PARTIE

Les Sentiments

« Ainsi, dans le faubourg Saint-Germain, ces positions en apparence imprenables du duc et de la duchesse de Guermantes, du baron de Charlus, avaient perdu leur inviolabilité, comme toutes choses changent en ce monde, par l'action d'un principe intérieur auquel on n'avait pas pensé [...]. »

MARCEL PROUST.

Comme les accommodations en général sont conditionnées par des caractères innés, je suppose que nos propres manières d'être peuvent l'être aussi ; je défendrai l'idée que, parmi les directives internes alors à l'œuvre, figurent des composantes innées de deux sentiments que nous connaissons bien, l'angoisse et l'égoïsme.

Le titre de cet essai laisse deviner que je vais plus loin dans le rôle attribué à ces sentiments : je donne par métaphore leur nom à des directives internes biologiques et plus fondamentales intervenant dans l'Évolution. Je vais m'expliquer plus avant, dans ce chapitre, sur la métaphore et sur l'hypothèse.

Je chercherai à montrer que des propriétés de l'ordre de l'angoisse et de l'égoïsme caractérisent la vie elle-même, sous la forme de directives internes.

Afin d'essayer de cerner leur nature, une première approche utilise ce que nous savons de nos propres sentiments. L'égoïsme, on le verra à la racine de tout ce qui est mis en jeu pour la construction et la survie du soi. L'angoisse, ce sera très généralement tout ce qui accompagne la confrontation à un monde fondamentalement étranger.

On peut dire alors que les caractères adaptatifs décrits plus haut sont des manifestations de directives internes qui ont à voir avec l'angoisse et l'égoïsme puisqu'ils définissent les diverses solutions apportées pour la survie, en fonction du monde.

Ici, pour aller plus loin dans la description des sentiments, je m'intéresserai d'abord aux organes, aux fonctions, aux molécules qui sont mis en jeu par les caractères adaptatifs et que je considérerai comme les outils de l'angoisse et de l'égoïsme.

Dans le cadre de ces premières définitions de l'angoisse et de l'égoïsme, je m'étendrai ensuite sur les interactions entre ces deux pôles de la vie et la sexualité, un acteur incontournable de l'Évolution.

Pourtant, à ce stade, je pense que j'aurai seulement décrit des manifestations et des outils des sentiments et que nous en serons encore au début d'une compréhension réelle de l'égoïsme et de l'angoisse de la vie, comme de leur rôle dans l'Évolution. J'essaierai d'aller plus loin en considérant non seulement les gènes codant pour tous ces caractères, mais aussi les systèmes génomiques déjà évoqués qui sont capables de moduler les mutations et en particulier de moduler l'effet mutagène du monde. Certains augmentent cet effet, d'autres le diminuent, et c'est là que je placerai les fondements de l'angoisse et de l'égoïsme de la vie.

J'imaginerai qu'au cours de l'Évolution ces sentiments, leurs outils et leurs manifestations peuvent prendre des tours variés, interagir entre eux et avec le monde ; j'illustrerai par quelques exemples l'idée qu'ils participent ainsi au déterminisme de différentes modalités du processus évolutif.

CHAPITRE VI

UN INNÉ SENTIMENTAL ?

C'est dans le cas du psychisme humain et en particulier de nos sentiments que l'interaction des directives internes et des facteurs du monde est particulièrement importante pour notre propos, mais c'est aussi dans ce domaine que les parts respectives de l'inné et de l'acquis sont le plus difficiles à estimer ; elles font l'objet de controverses vives où des opinions opposées relèvent souvent plus de dogmes ou d'idéologies que de certitudes scientifiques.

Pour beaucoup de chercheurs, seule l'organisation générale du cerveau humain doit être considérée comme innée ; nos diversités psychiques seraient alors dues uniquement à l'extrême plasticité phénotypique de cet organe, à son caractère extrêmement libérateur (dans le même sens où, toute proportion gardée, la branchie est libératrice pour un poisson euryhalin) ; Piaget a écrit dans *La Naissance de l'intelligence chez l'enfant* : « L'intelligence est une adaptation »... Peut-être l'intelligence représente-t-elle ce qu'il y a de libérateur dans le fonctionnement du cerveau.

En somme, de nombreux neurobiologistes admettent,

comme l'écrit Alain Prochiantz dans *La Construction du cerveau*, que « les plans de l'organe cérébral sont identiques à l'intérieur d'une espèce mais varient d'une espèce à l'autre ». En réponse à la question de savoir s'il existe une fatalité génétique dans la construction d'un cerveau humain, Prochiantz écrit, dans *El Cerebro y su mismo* : « Oui, s'il s'agit des vers et des abeilles, non s'il s'agit des vertébrés, mille fois non s'il s'agit des mammifères et parmi eux de l'Homme. Si la forme générale de l'organe cérébral est bien liée à l'appartenance à l'espèce, et donc aux gènes qui la définissent dans sa morphologie générale, le passage du cerveau en puissance au cerveau concret n'a que peu à voir avec ces gènes, il est lié à une multitude d'événements dont la nature épigénétique est aujourd'hui clairement établie. » Cet auteur affirme, par exemple, qu'un cerveau humain diffère autant de celui de son frère jumeau que de n'importe quel individu.

Il me semble difficile d'accepter entièrement cette vision un peu manichéenne et de concevoir que les différences génétiques s'arrêtent aux frontières de l'espèce, dont les naturalistes savent combien elles peuvent être floues.

La sociobiologie, à l'autre extrême, soutient des thèses dont je voudrais marquer combien elles sont éloignées des idées présentées dans cet ouvrage. Cette discipline est une branche de la biologie des populations et c'est l'organisation sociale au sein de groupes humains qu'elle met en parallèle avec celle des populations animales. L'individu n'est pour elle qu'un porteur de gènes alors que je m'intéresse ici au fonctionnement et aux rôles variés du phénotype construit par le développement.

Épousant le néodarwinisme le plus strict, la sociobiologie propose des interprétations tout entières fondées sur la sélection tandis que je mets l'accent sur la diversité des interactions entre le monde et les directives internes.

Enfin, le pouvoir qu'elle donne aux gènes dans beaucoup d'aspects, même les plus ponctuels, de l'organisation sociale, des comportements et de l'intelligence (une attitude qui l'a parfois entraînée sur des voies dangereuses) est sans commune mesure avec le rôle « sentimental » que j'imagine au génome.

En fait, personne ne nie que l'expression de gènes, en particulier des gènes de développement, soit à l'œuvre dans la construction du cerveau. La question qui reste posée est celle des limites en deçà desquelles ces expressions géniques sont sous la dépendance du programme héréditaire et au-delà desquelles elles sont contrôlées par le monde, autrement dit la question de la frontière, pour notre diversité psychique, entre le polymorphisme génétique et la plasticité phénotypique.

Je privilégie une opinion médiane. Je suppose qu'il existe une part d'inné qui va plus loin que la simple organisation générale du cerveau : elle serait responsable de ce qu'on pourrait appeler des « directives internes psychiques » auxquelles je donnerai les noms de sentiments, angoisse et égoïsme. Ces capacités, ces tendances sentimentales, différentes selon les individus par leur qualité et leur intensité, contribueraient à guider ou à conditionner nos manières de vivre et d'agir, comme, très généralement, les caractères adaptatifs guident ou conditionnent les accommodations... Salvador Dalí a bien intitulé un de ses tableaux *Les Accommodations du désir* !

Quels sont les rapports de cette diversité individuelle avec celle de caractères morphologiques, par exemple celle de traits du visage ? Il existe certainement une composante innée pour beaucoup de ceux-ci comme la forme générale, la hauteur et la pente du front, la saillie des pommettes, l'importance des mâchoires, la taille de la bouche et l'épaisseur des lèvres, l'écartement des yeux ou la forme du nez (qui n'a remarqué les « nez familiaux » ?).

Et, contrairement à ce que pourrait penser un observateur superficiel, ces diversités individuelles transcendent complètement celle des populations humaines : elles m'ont souvent frappé dans un groupe de collègues japonais aussi bien que parmi les habitants d'un village français.

Des traits du visage comme ceux que je viens de citer ont été associés souvent à des sortes de directives psychiques par la morphopsychologie, appelée aussi physiognomonie. Même si ces considérations sont passées de mode, j'y suis sensible, sans doute à cause de souvenirs personnels. J'eus en effet la chance de connaître un peintre portraitiste, Emmanuel Fougerat, qui écrivit plusieurs ouvrages sur ce thème dont *Le Dictionnaire des visages* et *Visage, miroir de l'âme* ; surtout je le vis à l'œuvre, capable de décortiquer en quelques minutes les tendances caractérielles d'une personne parfaitement inconnue auparavant.

Je me demande donc si ces idées n'ont pas été considérées avec trop de mépris. Est-il vraiment inconcevable que des ensembles de gènes puissent jouer un rôle de directives internes à la fois vis-à-vis de caractères morphologiques et de tendances « sentimentales » ?

Ces tendances sentimentales, sous-tendues par des structures cérébrales, seraient, comme tout caractère phénotypique, exprimées au cours du développement. On sait que différentes parties d'un organisme se développent à des rythmes différents et que, par exemple, le rapport de la tête au corps diminue, chez l'homme, du bébé à l'adulte. L'importance relative de l'angoisse et de l'égoïsme pourrait se modifier au cours de la construction du cerveau. On peut même imaginer que plus tard l'équilibre entre ces deux sentiments change de façon programmée, comme une sorte de métamorphose psychique. Il pourrait ainsi exister dans nos vies des paliers successifs, séparés par des états, comme celui dont parlait Jean-Paul Sartre, « qu'on pourrait nommer précisément pathétique, et qui doit être celui des insectes en train de muer », ce pathétique devenu cauchemardesque dans *La Métamorphose* de Franz Kafka quand « un matin, au sortir d'un rêve agité, Grégoire Samsa s'éveilla transformé dans son lit en véritable vermine ».

L'idée de la détermination innée de certaines tendances sentimentales se heurte à la plasticité reconnue de l'organisation des neurones entre eux. Pour Michel Jouvet, cependant, un rôle de gardien de ce qu'il appelle « individuation psychologique » pourrait être joué par le sommeil paradoxal, cet état particulier du cerveau lié à l'apparition des rêves et à une sorte d'isolement vis-à-vis du monde extérieur.

J'ai insisté, de façon un peu provocatrice, sur le rôle de l'inné dans notre psychisme, mais il n'est bien sûr pas question d'oublier combien les chemins qui conduisent, au cours de nos vies, de ces caractères innés à nos accommodations sont tortueux. Ils dépendent de tous les facteurs du monde auxquels nous avons été confrontés, de nos expériences précédentes, conscientes ou non, de nos choix, de nos succès et de nos échecs : c'est le jeu de l'apprentissage, de la mémoire, de tout ce qui a constitué aussi notre personnalité.

En somme, la diversité de nos accommodations sentimentales résulterait à la fois de la plasticité comportementale de l'espèce humaine et de la diversité individuelle de sentiments innés.

CHAPITRE VII

LES OUTILS DE L'ÉGOÏSME
ET DE L'ANGOISSE

Si nous nous interrogeons sur les outils de notre égoïsme et de notre angoisse, nous penserons très justement d'abord au cerveau. Quelque passionnante et importante que soit la compréhension de la complexité du cerveau, je n'irai pas beaucoup au-delà d'une analyse succincte et simplifiée. En effet, c'est surtout à un égoïsme, à une angoisse, pris au sens de propriétés fondamentales de la vie et impliquées dans toute son Évolution, que je m'intéresse, à des structures, des fonctions, des molécules très diverses dont le génome dirige la construction.

Le cerveau

Les neurones, cellules spécifiques du système nerveux, constituent pour l'essentiel le support des fonctions cérébrales. Ils présentent la particularité d'émettre, à partir du corps cellulaire, des prolongements nombreux dont l'un, l'axone, est souvent très long et les autres, les dendrites, sont beaucoup plus courts. Les prolongements d'un neurone se terminent en général au contact de ceux d'autres neurones, constituant dans chaque cas une synapse. La complexité des réseaux neuronaux ainsi formés est difficilement imaginable puisque, déjà, un millimètre cube de cerveau contient environ six cents millions de synapses. Dans ces réseaux, l'information circule selon deux modalités : au long des axones et des dendrites, c'est l'influx nerveux (une modification électrique localisée se déplaçant rapidement) qui en est le support, tandis qu'au niveau des synapses des substances chimiques en assurent le transfert d'une cellule à l'autre ; plusieurs petites molécules comme la noradrénaline, la dopamine, la sérotonine, dérivées d'acides aminés, et même un gaz longtemps connu seulement pour sa toxicité, le monoxyde d'azote, assurent ce rôle de neurotransmetteur. Il existe, par exemple, des réseaux de neurones à dopamine ou à sérotonine, et un neurotransmetteur apparaît souvent prépondérant dans un type de présence au monde ; agression, dominance, activité sont ainsi grossièrement liées à la dopamine et leurs inverses à la sérotonine.

Enfin, de nombreux autres messagers à action plus diffuse (souvent de petites protéines, ou peptides) sont aussi sécrétés dans le cerveau et y ajoutent, selon leur nature, des ambiances chimiques différentes... une description assez vague, comme le nom de neuromodulateurs qui leur est donné.

Les neurones sont donc loin d'être tous identiques, pouvant au contraire différer non seulement par leurs formes mais aussi par les substances qu'ils sécrètent et donc l'expression des gènes qui codent pour certaines de ces dernières. On sait d'ailleurs aujourd'hui qu'il en va de même pour d'autres gènes, en particulier des gènes de développement.

Les progrès de plusieurs disciplines scientifiques, comme la psychophysiologie normale ou pathologique et la neurobiologie comparée, se sont combinés pour nous faire mieux appréhender les fonctions des diverses parties du cerveau des vertébrés, en particulier du cerveau humain. Le cortex, partie la plus externe des hémisphères cérébraux, prend toute son importance chez les mammifères, particulièrement les primates et surtout l'homme, auxquels il confère l'intelligence, la liberté du choix, la plasticité des accommodations comportementales. Plus à l'intérieur se trouve le système limbique, siège des émotions et des motivations, qu'on peut appeler, avec Jean-Didier Vincent, le « cerveau sentimental », puis le striatum et ses annexes. Prédominants chez les vertébrés inférieurs, ils interviennent dans les réponses stéréotypées, dans les comportements héréditaires caractéristiques de l'espèce tels les caractères adaptatifs comportementaux décrits plus haut ; ils sont le plus directement associés à la survie de l'espèce et de l'individu, et leur activité peut être modulée par le cortex. De plus, à la base du cerveau, l'hypothalamus fourmille de groupes de neurones, ou « noyaux », associés à des désirs ou à des besoins qui se répercutent sur tout le fonctionnement de l'organisme par les hormones d'une glande endocrine, l'hypophyse, située elle-même sous l'hypothalamus et contrôlée par des sécrétions de celui-ci.

Si le cerveau sentimental reçoit du cortex des informations qu'il est capable de traiter et de stocker, il l'influence en retour par les souvenirs et les « états d'âme »..., par exemple l'égoïsme ou l'angoisse, que j'ai imaginés capables de moduler nos accommodations.

Et tout le reste

Les outils d'un égoïsme et d'une angoisse définis comme des propriétés générales de la vie vont bien au-delà des fonctions du cerveau : toutes les fonctions vitales y interviennent.

On peut voir d'abord au service de l'égoïsme tout ce qui est impliqué dans la construction du plan général de l'organisme, singulièrement les gènes de développement et ceux qu'ils activent ensuite. Puis, une fois l'individu réalisé, ce sont les multiples organes et fonctions qui contribuent à maintenir son intégrité, comme les métabolismes qui permettent de faire du soi avec de l'étranger.

Et l'angoisse ? Ses outils perçoivent un monde extérieur dangereux et ils parent aux menaces de ce monde : c'est, par exemple, le cas des organes des sens et plus généralement de la partie de l'organisme en contact avec le monde ; chez les êtres les plus simples formés d'une seule cellule, il s'agit de la membrane de celle-ci.

Mais ces interfaces sont aussi le siège des échanges permettant au vivant de s'approprier une part du monde. On voit bien, en fait, que l'angoisse et l'égoïsme utilisent, chacun pour sa part, toutes les fonctions physiologiques puisque celles-ci permettent, d'une part, l'exploitation optimale d'un monde plus ou moins large et, d'autre part, la défense contre certains facteurs de ce monde, sans que ces deux rôles soient toujours aisés à distinguer : la locomotion est utile pour la fuite et la capture ; les échanges de sels et d'éléments nutritifs, mais aussi la protection, sont le fait d'épithéliums en contact avec le milieu extérieur comme la peau et le tube digestif ; le système sensoriel reçoit et interprète les bonnes et les mauvaises nouvelles ; le système immunitaire reconnaît l'étranger et il le neutralise.

Les systèmes régulateurs, nerveux et endocrinien, qui assurent le maintien dans une gamme convenable de certains paramètres comme la composition du milieu intérieur des vertébrés sont exemplaires dans ce double rôle puisqu'ils interviennent dans les réponses variées de collaboration et de conflit.

Plus généralement, ces deux systèmes assurent les échanges d'information entre les organes et donc l'intégration des diverses fonctions vitales. À première vue, ils ne le font pas de la même façon. L'influx nerveux, un phénomène physique, se propage rapidement tout au long des nerfs pour exercer son action en fin de course. Les messagers du système endocrinien sont des substances chimiques de nature très variée, les hormones ; sécrétées dans le sang par des tissus spécialisés, dits endocrines, celles-ci se répandent dans tout l'organisme et vont exercer des effets relativement lents et durables. Disponible partout, chaque hormone est potentiellement capable d'agir sur tous les tissus, une situation qui aboutirait à une cacophonie insupportable si l'action hormonale n'était pas, au contraire, caractérisée par la spécificité. Cette spécificité est assurée par un moyen remarquable auquel j'ai déjà fait allusion : l'existence ou non dans les cellules qu'elle côtoie de molécules, des récepteurs, qui lui donnent le feu vert. L'hormone reconnue par un récepteur se lie à lui et devient efficace sur la cellule où il est présent.

Systèmes nerveux et endocrinien sont bien loin d'être indépendants l'un de l'autre et, de plus en plus, on les réunit en un ensemble informatif global, le système neuroendocrinien. En effet, les substances sécrétées par les neurones, neurotransmetteurs et neuromodulateurs, sont souvent aussi des hormones ou de proches parents chimiques de celles-ci, et des hormones d'abord identifiées dans des glandes périphériques ont été découvertes dans le cerveau. De plus, des relations fonctionnelles étroites existent entre les deux systèmes : des hormones agissent sur l'activité de neurones et des nerfs stimulent les glandes endocrines.

Cet ensemble si remarquablement complexe et précis constitue un outil essentiel à la fois de l'égoïsme et de l'angoisse, avec quelques tactiques particulièrement astucieuses, en particulier une sorte de concertation qui peut s'exercer de différentes manières.

La production d'hormones protéiques (dites aussi peptidiques lorsqu'elles sont composées d'un petit nombre d'acides aminés) ayant des propriétés biologiques complémentaires peut être coordonnée tout simplement par le fait qu'elles sont codées par un même gène et donc synthétisées ensemble. Dans le cas du stress, une longue protéine, appelée proopiomélanocortine (un nom compliqué, justement à cause de ses potentialités multiples) est cassée, après sa synthèse, en fragments actifs. Un de ceux-ci, la corticotropine, stimule les glandes surrénales, ce qui entraîne la sécrétion accrue de corticostéroïdes comme la cortisone, avec tous leurs effets sur les capacités de fuite ou de combat. Mais ce n'est pas tout ; un autre fragment possède des propriétés toutes différentes puisqu'il fait partie de ce qu'on appelle les morphines endogènes, les endorphines ; il exerce les mêmes effets que la morphine et, lorsqu'il est produit dans le cerveau, le plaisir et l'oubli de l'angoisse s'ajoutent donc aux réponses qu'on vient de citer. De telles morphines endogènes sont sécrétées aussi au cours d'activités comme le jogging, et l'on peut devenir un drogué de ses propres endorphines et du jogging, comme de la morphine, par une accoutumance qui crée le besoin.

Les divers fragments actifs de la proopiomélanocortine peuvent être produits dans des organes différents, en particulier le cerveau et l'hypophyse, glande endocrine située sous ce dernier. Il s'agit là aussi d'une tactique très générale de concertation, une même hormone (en général un même peptide qu'on nomme intégrateur) exerçant, d'une part dans le cerveau, d'autre part sur des organes périphériques, des effets qui vont concourir à la solution d'un même problème.

Au manque d'eau, par exemple, répondent chez les mammifères à la fois une diminution de l'excrétion urinaire et une stimulation du comportement de boisson ; la même hormone peptidique, la vasopressine, intervient dans les deux cas : sécrétée dans le sang par l'hypophyse, elle agit sur le rein tandis que, produite dans le cerveau, elle agit sur place.

La bombésine, une autre hormone peptidique, est synthétisée à la fois dans le cerveau et dans le tube digestif : c'est au contrôle de l'appétit et de la satiété que concourent alors les effets très différents exercés dans ces deux organes.

Parant aux agressions du monde, stimulant les désirs associés aux besoins vitaux, aidant à la satisfaction de ces derniers, tous ces messagers apparaissent comme des outils de l'égoïsme et de l'angoisse entremêlés.

Des outils qui évoluent

Depuis le génome et la membrane des premiers êtres unicellulaires, quelle évolution ! Elle est liée à la complexification des organismes et aux différents mondes qu'ils ont successivement peuplés, des aventures sur lesquelles je reviendrai plus loin. La sortie des eaux, la conquête du milieu aérien qui se sont produites dans tant de lignées étaient une rude aventure pour beaucoup de fonctions comme la perception, la locomotion, les échanges d'eau et de sels, car les conditions étaient bien changées.

La complexification des organismes appelait des outils différents, en particulier pour l'exercice des régulations.

Un système immunitaire primitif a été mis en œuvre très tôt dans l'Évolution et il s'est perfectionné ensuite dans des voies différentes selon les lignées. Déjà les êtres unicellulaires sont capables de reconnaître le non-soi et de le phagocyter, c'est-à-dire de l'ingérer et de le détruire.

Des cellules spécifiques capables, en venant à leur contact, de rejeter des greffes étrangères sont apparues ensuite. Enfin, le système immunitaire des invertébrés les plus évolués et des vertébrés sécrète dans le sang des substances neutralisant les substances étrangères. Chez nous autres vertébrés, l'aspect le plus original de cette dernière stratégie est le mécanisme très subtil qui permet la synthèse d'anticorps spécifiques en réponse aux antigènes les plus divers.

Le système neuroendocrinien n'est pas en reste. Est-ce le nerveux ou l'endocrine qui est apparu le premier ? Apparemment pleine de bon sens, cette question n'est pourtant que secondaire, car en fait chez les animaux pluricellulaires les plus primitifs existent des cellules, les paraneurones, qui sont à la fois sensorielles, nerveuses et endocriniennes. De tels paraneurones ont été probablement à l'origine des différents systèmes, sensoriel, nerveux et endocrinien qui permettent de corréler l'appréhension du monde et la défense du soi, et dont chacun est devenu de plus en plus élaboré.

La grande affaire du système nerveux a été, dans la plupart des lignées animales, la céphalisation puis la cérébralisation, c'est-à-dire l'augmentation de la taille et de la complexité de l'organe céphalique. Il y a là une sorte de rassemblement des perceptions et des commandes qui sont modulées par l'angoisse et l'égoïsme dont le cerveau devient justement le lieu privilégié d'expression.

Cette tendance évolutive, avec un maximum actuel chez l'homme, a été très marquée chez les vertébrés. On y a d'abord vu, des poissons les plus primitifs aux mammifères, l'addition de nouvelles structures, par exemple l'apparition du cortex chez ces derniers. Il semble plutôt aujourd'hui que toutes les structures cérébrales soient anciennes, l'une ou l'autre prenant une importance majeure dans chaque lignée de vertébrés.

Parallèlement à l'évolution complexifiante du cerveau,

et particulièrement celle du cortex, s'est développée progressivement toute une part sentimentale et psychique de l'angoisse et de l'égoïsme, qui est venue s'ajouter aux propriétés plus générales et plus anciennes de la vie.

L'évolution du système endocrinien a pris des tours multiples. Parfois, l'organe lui-même change de fonction et c'est le cas de l'épiphyse, située à la partie supérieure du cerveau des vertébrés. D'abord « œil pinéal » affecté plutôt à la perception de la lumière, elle perd ensuite cette fonction au profit d'un rôle endocrine particulier. L'épiphyse est alors capable d'intégrer de nombreuses informations et de diriger par ses sécrétions les rythmes vitaux : elle assure en somme une traduction organique aux cycles du milieu extérieur et participe ainsi à la synchronisation des rythmes endogènes, des horloges internes. Au lieu d'être le siège de l'âme, ou plutôt le lieu d'union de l'esprit et du corps, comme le proposait Descartes, elle apparaît plutôt comme un agent de l'obéissance aux fluctuations du monde.

Les hormones elles-mêmes ont évolué, tout particulièrement les hormones protéiques. D'abord, le nombre de ces outils des régulations a considérablement augmenté du fait de duplications des gènes qui les codaient. Une duplication donne naissance à deux lignées dont l'une peut continuer d'exercer la fonction ancestrale tandis que l'autre est libre de muter et d'acquérir de nouvelles propriétés par le jeu de la coévolution des hormones et des récepteurs : par ajustements successifs, certains de ceux-ci et la seconde hormone finissent à leur tour par s'entendre, et une possibilité de régulation spécifique nouvelle est ainsi créée.

Une molécule ancestrale commune a, par exemple, donné naissance chez les vertébrés à deux hormones hypophysaires bien connues, l'hormone de croissance (dont le nom dit la fonction) et la prolactine (qui chez les mammifères intervient dans la production du lait et dans les comportements parentaux). En somme, pour notre propos, voici deux molécules cousines dont l'une est affectée à l'égoïsme et l'autre à la reproduction. L'histoire devient plus compliquée quand on considère aussi les fonctions de ces hormones chez des vertébrés inférieurs ; la prolactine, par exemple, est un recours contre l'angoisse des poissons en eau douce, puisqu'elle y empêche la perte mortelle des sels, mais elle est l'outil d'un égoïsme acharné chez les amphibiens où elle contrarie la métamorphose.

Ces « affectations » successives sont réalisées par le jeu de changements dans la localisation des récepteurs de l'hormone, donc dans l'expression de leurs gènes, changements qui dictent à l'hormone la nature de ses cibles, de la branchie à la glande mammaire, et donc ses effets biologiques finals.

De cette manière, plusieurs hormones peuvent être consacrées, à une étape donnée de l'Évolution, au problème majeur que pose à ce moment la survie face au monde. L'échange d'eau et d'ions chez les poissons en est un bon exemple : la branchie, si essentielle à cet égard, est la cible d'une pléiade de messagers (la prolactine et bien d'autres) jouant, dans d'autres groupes de vertébrés, des rôles différents.

Chez les amphibiens, la peau est un échangeur exceptionnellement important ; souvent fine et dépourvue de défenses morphologiques, elle possède par contre l'originalité de produire une multitude de peptides similaires à des hormones de mammifères. Mais beaucoup de ces peptides possèdent, au contraire des hormones, une fonction orientée vers l'extérieur, une fonction de défense contre les agressions du monde, prédateurs et bactéries.

Les cibles et les fonctions des hormones non protéiques se modifient aussi au cours de l'Évolution. Les mêmes stéroïdes sexuels, en particulier l'œstradiol et la testostérone, sont responsables des caractères sexuels secondaires si variables selon les espèces. Les hormones produites par la glande thyroïde stimulent très généralement le développement et le métabolisme et je les qualifierai donc volontiers d'hormones de l'égoïsme ; mais, chez les poissons, elles agissent de plus sur la branchie et sont donc impliquées dans la solution de conflits avec le milieu extérieur. Chez les vertébrés inférieurs dont le cycle vital présente une métamorphose, ces mêmes hormones la déclenchent par une sécrétion accrue et par des modifications rapides de leur métabolisme et de leurs récepteurs ; comme une métamorphose correspond à des changements définitifs ou transitoires de type de vie, ces hormones m'apparaissent alors comme les agents d'un changement d'égoïsme.

Les récepteurs des hormones protéiques auxquels j'ai fait allusion sont, de façon surprenante, de proches parents biochimiques des récepteurs olfactifs qui nous donnent le sens des odeurs. Comme pour certaines hormones, une molécule ancestrale commune a donné naissance au cours de l'Évolution à des outils aux rôles tout différents, les uns intervenant dans les régulations internes, les autres dans la perception du monde.

La multitude d'organes, de fonctions, de molécules impliqués dans la défense du soi et la confrontation au monde sont impliqués, par leurs effets et leurs interactions, dans la manière dont les sentiments modulent les manières d'être du vivant. Leurs changements accompagnent les Évolutions vers des modalités diversement angoissées ou égoïstes, que j'illustrerai plus loin. Auparavant, il faut prendre en compte un phénomène essentiel de la vie, dont les manifestations interfèrent avec celles de l'égoïsme et de l'angoisse : la sexualité.

CHAPITRE VIII

LA SEXUALITÉ FAIT LE MORT

Comme le mort au bridge, la sexualité est bien présente, évidente pour tous sur la table de jeu, et les autres acteurs, le monde et les directives internes, jouent à la vie avec elle ou contre elle.

Entre la sexualité et l'égoïsme on peut voir des types de rapport très différents. D'abord, la première apparaît comme responsable du second puisqu'elle l'est en majeure partie de l'unicité de chaque être vivant ; pour la sociobiologie la sexualité est un outil de l'égoïsme dans la mesure où elle permet à un être vivant la propagation de ses propres gènes. Mais c'est beaucoup plus leur conflit qui me frappe.

Chez des unicellulaires, et aussi chez des invertébrés comme les pucerons, il y a alternance de phases de reproduction sexuée et de phases de reproduction asexuée teintées d'égoïsme dans la mesure où elles permettent l'extension rapide et maximale dans le milieu.

De façon générale, chez la plupart des animaux, les mécanismes assurant la survie sont relativement constants de la fécondation à la mort, avec les mêmes nécessaires grandes fonctions. La sexualité, elle, est discontinue ; elle fait intrusion dans la vie par crises, qui pèsent d'un poids très lourd sur le développement et la survie, comme la préparation des gonades et la puberté (les ovaires de certains poissons peuvent représenter jusqu'à la moitié du poids du corps !), les cycles sexuels, la recherche de l'autre sexe, la fécondation, la gestation, les soins parentaux.

Le conflit entre égoïsme et sexualité peut être géré selon plusieurs manières. Il s'agit d'abord des deux stratégies démographiques extrêmes appelées r et K. La première, qu'on observe par exemple chez beaucoup de poissons téléostéens, est marquée par une puberté précoce, une vie courte, une fécondité élevée ; la seconde présente les caractères opposés, reproduction tardive, vie longue, fécondité réduite : un des meilleurs exemples en est les albatros qui peuvent vivre plus de cinquante ans et dont certains ne commencent à se reproduire qu'à l'âge de dix ans et ne pondent qu'un œuf par an. Chez les espèces à stratégie r, la compétition est généralement assez lâche, et l'existence de nombreux jeunes favorise les colonisations. Chez les espèces à stratégie K, la compétition est souvent aiguë : les jeunes sont en nombre réduit mais aptes à affronter celle-ci. Pour pallier le conflit, les premières misent en somme sur la productivité et les secondes sur l'efficacité.

La périodicité des cycles vitaux varie aussi largement, pouvant aller, déjà chez les mammifères, de quatre jours chez le rat aux vingt-huit jours du cycle menstruel des femmes et aux cycles annuels de beaucoup d'espèces sauvages.

L'angoisse se mêle au jeu quand la sexualité impose des changements drastiques de monde : celui de la reproduction ne peut plus être le même que celui de la croissance ou de la simple survie. La vie des albatros inclut une reproduction à terre et des voyages marins et lointains, durant lesquels ils pêchent la nourriture qu'ils rapporteront aux jeunes. Des crabes terrestres vivent par millions sur certaines îles mais ils doivent encore, comme la plupart de leurs cousins, se reproduire en eau de mer alors qu'ils ne savent presque plus nager. Et l'on se rappellera l'exemple de l'anguille, condamnée à un voyage de six mille kilomètres pour assumer sa sexualité...

L'amour et la mort

La sexualité ne fait pas seulement le mort : elle est associée à la mort. On a pu dire que les organismes unicellulaires se reproduisant par simple division étaient immortels et que la mort individuelle est apparue, au cours de l'Évolution, avec la sexualité. En fait, il est peut-être plus satisfaisant de considérer qu'une telle division représente déjà la disparition d'un individu, d'autant plus qu'elle correspond à une diminution de la matière vivante totale. Dans cette optique, la mort et la reproduction, coïncidant chez les unicellulaires asexués, se sont séparées en deux processus distincts chez les autres organismes. L'hydre, un invertébré très primitif, illustre bien cette transition : cet animal peut se reproduire par bourgeonnement ou de façon sexuée et, lorsque les conditions de température du milieu extérieur font passer du premier à la seconde, la mort de l'individu survient ensuite.

Des relations étroites entre l'amour et la mort ne manquent pas non plus chez les êtres vivants plus complexes. Chez certaines espèces, les conflits sont tels que la plupart des individus meurent après la reproduction. Il en est souvent ainsi chez de grands migrateurs comme, encore, les anguilles et beaucoup de saumons, comme aussi les vertébrés plus primitifs que sont les lamproies. Les invertébrés sont dans ce domaine les acteurs d'histoires innombrables. Après une croissance en eau douce, les crabes chinois se reproduisent dans l'eau saumâtre des estuaires et les mâles n'y survivent pas. Les pieuvres, ces mollusques céphalopodes dont le cerveau rivalise à certains égards avec celui des mammifères, posséderaient une « hormone de la mort » normalement mise en jeu après la reproduction. Certains annélides, de ces vers plats communs qui mènent la plus grande part de leur vie sur les fonds marins dans des galeries peu profondes, présentent une métamorphose appelée épitoquie : ils se préparent à la reproduction en accumulant les produits génitaux dans les segments de leur partie postérieure ; celle-ci, en somme seule sexuée, se sépare, peut reformer une tête, et mène en surface une vie pélagique brève qui se termine par l'expulsion des gamètes et la mort.

Sentiments et sexualité

Non, il ne s'agit pas ici des rapports entre l'amour platonique, l'amour passion, le désir... Mais chacun de nous sait combien la sexualité, sans aller jusqu'aux extrémités que je viens de décrire, est aussi au cœur des vies humaines, que sa place est loin d'y être simple et qu'elle y entretient aussi des rapports ambigus avec l'égoisme et l'angoisse. Ces rapports constituent un des ressorts les plus classiques de nos romans ou de nos poésies, tandis que le conflit entre le moi et la libido est une des bases de la psychanalyse.

Le paroxysme est atteint, ici aussi, avec les étroites relations entre l'amour et la mort, entre l'Éros et le Thanatos des mythes grecs, et l'on a dit que la sexualité et la mort étaient « les seuls vrais sujets » des philosophes. La même angoisse a inspiré à Jean de Sponde *Sonnets d'amour* et *Stances de la mort*. Dans *Phèdre* ou dans *Othello* l'amour conduit à la mort. Appeler « petite mort » la période qui suit l'orgasme est une référence bien inconsciente à l'anguille et à la pieuvre !

En plus des crises biologiques auxquelles nous n'échappons pas mieux que les autres animaux, la sexualité provoque dans nos vies bien d'autres crises : on *tombe* amoureux, on *éprouve* de la jalousie, on affronte les *ruptures* ; Lancelot du Lac y perd sa chance dans la quête du Saint-Graal que seul le chaste Perceval pourra mener à bien, et des générations catholiques y ont senti le poids du péché ; la crainte des maladies sexuellement transmissibles culmine avec celle du sida.

La sexualité alimente ainsi notre angoisse, mais elle peut inversement nous la faire oublier. Les images qui éveillent le désir submergent pour un temps l'angoisse existentielle et l'ennui. On s'en aperçoit *a contrario* quand le désir est affaibli, quand son objet a perdu de ce fait intérêt et sens ; ainsi, un ami me disait sa sensation d'étonnement et presque de gêne, au lieu de l'émotion habituelle, en devinant sous un corsage les seins d'une jeune femme dont l'allure bon chic bon genre ne lui semblait plus s'accorder à la présentation d'objets de désir : il comprenait qu'il vieillissait.

Il ne faut pas s'étonner que nos sentiments jouent en retour un rôle ambigu vis-à-vis de la sexualité. Casanova était sans doute un angoissé, et, plus banalement, la recherche de partenaires plus jeunes est peut-être le signe d'une angoisse encore présente. Pour Proust, l'amour ne tient pas à la réalité de l'être qu'on aime, il est initié par le désir et ne devient lui-même que grâce à l'angoisse, singulièrement celle qui est avivée par la jalousie : « Quand c'est ainsi d'une heure angoissée relative à un être, quand c'est de l'incertitude si on pourra le retenir ou s'il s'échappera, qu'est né un amour, cet amour porte la marque de cette révolution qui l'a créé, il rappelle bien peu ce que nous avions vu jusque-là quand nous pensions à ce même être. » Et cette angoisse-là possède d'autres vertus : « Combien de personnes, de villes, de chemins, la jalousie nous rend ainsi avide de connaître, elle est une soif de savoir... »

Si l'angoisse mène à la sexualité et construit l'amour, nous savons bien aussi quel ennemi elle peut être pour eux dans certaines circonstances, depuis l'impuissance, le blocage de la fonction de reproduction associé à la perte de poids chez les anorexiques, jusqu'au dérèglement de cette fonction chez les femmes athlètes se livrant à des exercices physiques intenses.

L'égoïsme peut stimuler notre sexualité, où il trouve un sentiment de puissance et de confiance en soi ; il peut au contraire nous pousser, par lassitude ou par rejet, à l'isolement et même à une défense du moi contre un autre sexe devenu étranger sinon ennemi. Des misogynies se développent comme des allergies et peuvent être, aussi, plus ou moins spécifiques. Comme un petit nombre d'espèces bien précises de crustacés ou de pollens, certaines voix, leurs insanités et leurs éclats peuvent devenir insupportables, et il n'existe pas encore là de traitements de désensibilisation spécifique. On peut désaimer l'autre sexe parce qu'on l'a trop aimé ; la déception n'en est que plus grande, comme on acquiert le dégoût des nourritures les plus appréciées, comme on se met à refuser les huîtres après une expérience malheureuse.

La sexualité et l'Évolution

Si la sexualité se révèle à beaucoup d'égards une menace pour la survie de l'individu, elle a pourtant été adoptée et conservée au cours de l'Évolution. L'hypothèse la plus souvent émise pour expliquer cette contradiction, c'est que la sexualité assurant la diversité intraspécifique des génomes individuels favorise donc la diversité des adaptations possibles et, de ce fait, la survie de l'espèce dans des mondes variés. Dans ce cadre général, beaucoup d'idées, parfois inattendues, ont été émises, par exemple que l'avantage adaptatif majeur apporté par la diversité génétique serait la résistance aux innombrables parasites.

Une autre explication de l'apparition et du maintien de la sexualité chez les métazoaires est peut-être aussi fondamentale. Les processus de recombinaison génétique qui se produisent au cours de leur maturation pourraient aboutir à des gamètes purgés en quelque sorte de beaucoup des erreurs qui s'étaient accumulées par mutations dans les cellules sexuelles primordiales portées par les parents. La sexualité serait en somme, d'abord, la conséquence d'un besoin de transmettre une information génique « propre » à la descendance.

Un danger pour l'égoïsme individuel, un impératif pour le succès de l'espèce : le refoulement freudien témoigne-t-il dans l'espèce humaine de cette antinomie ancestrale ?

La charge, le boulet, que constitue pour l'individu la sexualité, l'Évolution l'a peut-être fait accepter en mettant en place le plaisir sexuel et le désir de ce plaisir. Ces derniers auraient été introduits pour empêcher que l'égoïsme ne mette fin à l'Évolution : décidément, désirs et plaisirs sont des armes favorites de celle-ci puisque d'autres, comme la faim et la soif déjà évoquées, interviennent dans la survie de l'individu lui-même. Une satisfaction du plaisir sexuel sans finalité reproductrice, perversion ou contraception, est un pied de nez à l'Évolution...

J'aimerais savoir quand, dans l'Évolution, est apparu le plaisir sexuel que la variété, bien souvent décrite, des comportements sexuels nous fait certes évoquer de façon très anthropomorphique. Même les invertébrés marins qui émettent leurs gamètes sans rencontre individuelle peuvent nous faire rêver, comme les annélides épitoques avec leurs danses nuptiales qui évoquent d'autant mieux des orgies exotiques que plusieurs de ces espèces peuplent les récifs coralliens des îles polynésiennes.

Les outils biologiques de la triade plaisir-désir-sexualité, il faut évidemment les rechercher dans le système neuroendocrinien. Un axe hormonal principal commande les fonctions de reproduction ; les organes génitaux ou gonades, l'ovaire ou le testicule, sont sous la dépendance d'hormones hypophysaires appelées gonadotropines, qui sont elles-mêmes stimulées par un neuropeptide de l'hypothalamus, la gonadolibérine ; enfin les gonades sécrètent des stéroïdes, comme la testostérone et l'œstradiol, qui, en plus de leurs nombreux effets sur les caractères sexuels, exercent, en retour, des contrôles (appelés donc rétrocontrôles) sur les gonadotropines et sur la gonadolibérine.

La puberté et la reprise de l'activité sexuelle au cours des cycles sont les conséquences de bouffées sécrétoires de gonadolibérine, elles-mêmes sous la dépendance de l'horloge du développement ou d'autres horloges internes, mais pouvant être modulées par le monde, comme l'illustre l'exemple de l'anorexie.

La gonadolibérine ne se contente pas d'influencer les gonades *via* l'hypophyse ; des neurones produisant cette hormone se terminent en effet dans le cerveau moyen, où elle est impliquée dans les comportements sexuels.

On trouve ici un nouvel exemple, après ceux des outils de l'angoisse et de l'égoïsme, d'une même molécule-messager exerçant, dans le cerveau et à la périphérie, des effets très différents mais qui concourent à la réalisation d'une même fonction. À cause de ses multiples propriétés, la gonadolibérine a été appelée l'« hormone de l'amour » même si, bien sûr, ce n'est pas si simple : par exemple, des neurones à dopamine et à noradrénaline sont aussi impliqués dans les réseaux du désir et du plaisir, et les stéroïdes sexuels sont capables de moduler leur activité.

Comme on pouvait le prévoir sans risque de se tromper, les outils de la sexualité sont en relation permanente avec ceux des sentiments, en particulier de l'angoisse. Comment le syndrome de stress, qui en est la manifestation la plus générale, entraîne-t-il les dysfonctionnements des fonctions de reproduction que j'ai signalés ? L'effet central est l'inhibition de la sécrétion des gonadotropines, mais plusieurs mécanismes y concourent. D'une part, les morphines endogènes sécrétées en réponse à certains stress possèdent, en plus de leur effet hédonique, la propriété d'abaisser l'efficacité de la sécrétion de gonadolibérine hypothalamique. D'autre part, un autre neuropeptide, celui qui au cours du stress provoque la sécrétion de la corticotropine hypophysaire, est également capable d'inhiber, directement au niveau de l'hypophyse, la sécrétion des gonadotropines. Plus encore, le système immunitaire intervient lui aussi, car des substances qu'il sécrète viennent renforcer l'effet dont il vient d'être question. La sécrétion de gonadotropine, clé du système, ne peut décidément échapper à aucun stress, et tout cet arsenal pourrait témoigner de l'aversion eugénique de la sélection naturelle pour certains angoissés !

Au cours de l'Évolution, les rôles ont été souvent échangés. J'ai déjà cité l'exemple de la prolactine passée, des poissons aux mammifères, du service de l'angoisse à celui de la sexualité. Les poissons sont surprenants à d'autres égards ; on a, par exemple, montré chez le cyprin que la gonadolibérine est capable de stimuler non seulement la gonadotropine mais aussi l'hormone de croissance : celle-ci, égoïste s'il en est, est également hormone de l'angoisse puisqu'elle participe à l'accommodation à l'eau de mer. Quant à la dopamine, si intimement liée à nos comportements et à certaines de nos pathologies comme la schizophrénie, elle est capable d'inhiber chez les poissons la sécrétion de la gonadolibérine et son action sur l'hypophyse.

Nous savons quels rôles jouent les signaux du monde, qu'ils soient images, sensations tactiles, voix ou odeurs, sur l'éveil de nos désirs. Si le désir sexuel a l'importance évolutive que je lui ai donnée, rien d'étonnant là encore à observer la longue histoire de ces mécanismes. L'un d'eux, par exemple, met en jeu les phéromones, des substances très variées qui servent de messagers chimiques entre les individus d'une même espèce et, pour les phéromones sexuelles, entre individus de sexes différents. Présentes chez la quasi-totalité des animaux, elles facilitent la reconnaissance des sexes, suscitent le désir des partenaires ou permettent d'évaluer l'intensité de ce désir. Combattues chez l'homme par les vêtements, l'hygiène et les déodorants, elles sont dans le fond regrettées, ce qui fait la fortune des fabricants de parfums. Ce n'est pas pour cette constatation banale que j'aborde le thème des phéromones, mais pour mentionner un nouvel exemple frappant des changements évolutifs des affectations des messagers chimiques. En effet, chez des levures, animaux unicellulaires très primitifs, des phéromones déclenchent au cours du cycle vital l'apparition d'une phase sexuée : ces substances sont très proches, par leurs structures, de la gonadolibérine produite par notre hypothalamus, si bien qu'elles partagent peut-être avec elle un ancêtre commun très ancien.

La sexualité fait le mort... Au cours de l'Évolution, c'est une métaphore ludique aussi, mais bien différente, qui s'impose, car la sexualité, alors, distribue les cartes du génome. Même si elle donne ainsi le champ libre à la diversification des espèces, je l'abandonnerai maintenant pour les sentiments et le monde qui, eux, dirigent les changements.

CHAPITRE IX

LES SENTIMENTS ET LES MODALITÉS DE L'ÉVOLUTION

Les manifestations des sentiments, leurs outils, les interactions entre ces derniers et ceux de la sexualité... tout cela nous a donné une première image du sens accordé à l'angoisse et à l'égoïsme biologiques.

Ces manifestations et ces outils changent eux-mêmes au cours du processus évolutif au gré de mutations soumises au jeu du monde et du génome. L'angoisse et l'égoïsme fondamentaux de la vie, c'est au niveau des systèmes génomiques capables de moduler la mutagenèse que j'ai tendance à les identifier ; c'est là que la métaphore sentimentale me semble prendre le plus de sens. Ces systèmes, ces directives internes régulatrices ne codent pas pour des caractères phénotypiques, mais contrôlent le fonctionnement même du génome en augmentant ou en diminuant son taux de mutations. Sans aller au fond de questions de génétique encore débattues, je voudrais brièvement illustrer cette position. J'ai signalé les mécanismes de réparation des mutations et j'y vois un excellent exemple de directives internes égoïstes puisque favorisant le maintien du soi. Au contraire, un autre ensemble de gènes est en quelque sorte capable d'augmenter la sensibilité du génome à certains effets mutagènes du monde ; je suis conforté dans l'idée de l'identifier à une angoisse par le fait que les scientifiques l'ont dénommé « système SOS » !

Si je voulais résumer maintenant ce que j'entends par l'angoisse et l'égoïsme de la vie, je dirais qu'il s'agit de plusieurs ensembles concentriques de directives internes. Le premier, le plus central et fondamental, est celui que je viens de décrire, capable de favoriser le maintien d'un génome en l'état ou au contraire d'exacerber la mutagenèse. Le second correspond aux gènes codant pour les caractères que j'ai appelés les outils de l'angoisse et de l'égoïsme. J'imagine enfin que ces deux ensembles de directives internes modulent l'acquisition de ce qui fait le troisième cercle : les caractères adaptatifs et les manières de vivre.

Même si je les ai parfois désignées par des termes qui fleurent bon la métaphysique, comme « caractères intrinsèques du vivant » ou « propriétés fondamentales de la vie », toutes ces directives internes ne sont donc pas, peut-être faut-il le redire, des principes vitaux irréductibles à la matière.

On peut aller jusqu'à penser que les éléments innés de nos propres sentiments d'angoisse et d'égoïsme prolongeraient ces caractères de la vie dont l'existence introduirait, après l'inconscient individuel et l'inconscient historique, une sorte d'inconscient phylogénétique. Les progrès de nos connaissances sur le fonctionnement du cerveau diront s'il y a du vrai dans cette hypothèse, si certaines de nos racines psychologiques sont aussi anciennes que nos racines morphologiques : après tout, imaginait-on il y a encore quelques années la surprenante conservation au cours de l'Évolution des gènes de développement ?

Comme pour les manières d'être des hommes et des espèces animales, au début de ce livre, je reprendrai ici un jeu d'analogies qui concernera cette fois le rôle des sentiments dans nos individuations et dans l'Évolution. J'imaginerai que les sentiments biologiques tels que je viens de les définir sont capables de manifester des natures et des intensités variées, capables aussi d'interagir comme le font nos propres sentiments ; ils contribueraient ainsi à donner au processus évolutif ses multiples modalités. La diversité des natures de l'angoisse et de l'égoïsme de la vie, j'en chercherai, par analogie encore, les bases dans celle de nos propres sentiments.

Pour nous, l'égoïsme, c'est d'abord et toujours l'amour-propre, c'est-à-dire, selon la maxime célèbre de La Rochefoucaud, « l'amour de soi-même et de toutes choses pour soi », mais nous en connaissons tous deux variantes importantes qu'on peut appeler l'égoïsme-appropriation et l'égoïsme-indifférence. Dans les relations sociales par exemple, le premier se traduit par l'importance accordée aux autres, qu'on veuille être servi, aimé, ou simplement reconnu ; le second se traduit par un manque d'intérêt qui conduit à ignorer tout simplement les autres, presque à ne pas même les voir.

Notre angoisse peut se traduire par l'appréhension des dangers du monde, par l'insatisfaction des besoins de la survie et de la sexualité. Elle est aussi ennui, perte de l'intérêt et du sens du monde ; on peut y reconnaître l'angoisse devant le temps libre, « le temps à occuper », et l'inquiétude *stricto sensu*, c'est-à-dire l'impossibilité de rester tranquille.

Je mettrai en action les mêmes diversités de sentiments, en supposant qu'ils ont pu prendre des tours différents selon les temps et les lignées, dans l'Évolution biologique.

Si je place dans ce chapitre l'accent sur les senti-ments, il ne faut jamais oublier que leur rôle ne s'exerce qu'en interaction avec le monde ; la métaphore sentimen-tale peut aussi aider à mieux comprendre cette interac-tion, par exemple dans le cas de l'angoisse.

Nos angoisses humaines innées sont en partie une propension à craindre le monde. Les « angoisses ressen-ties » apparaissent plus vives sous l'effet d'un monde agressif ; ces angoisses ressenties et les réponses que nous leur donnons, comportements, manières d'être, sont très diverses, non seulement par la nature propre de chaque angoisse individuelle, mais aussi par les caractères du monde, plus ou moins calme ou déstabilisant, auquel nous sommes confrontés. Enfin, nos réactions elles-mêmes sont capables de retentir sur notre angoisse innée.

La sorte d'angoisse biologique qu'est la propension d'un organisme à entrer en conflit avec le monde conduit à l'acquisition, au cours de l'Évolution, de caractères adaptatifs qui dépendent bien sûr des propriétés du monde, mais aussi de la nature des outils de l'angoisse qui étaient disponibles. Leur acquisition modifie ensuite toutes les données du problème.

L'angoisse génétique enfin, cette sorte de propension à muter, donnera aussi, comme je l'ai rappelé bien des fois, des résultats dépendant du monde, et il est vraisem-blable que des mutations puissent en retour modifier l'angoisse génétique elle-même.

L'Évolution à petits pas

Obéir au monde est le sort de beaucoup d'entre nous dont la vie s'écoule au gré des traditions établies : il y faut peu d'angoisse mais un amour de soi simple avec des œillères qui ne laissent voir qu'un chemin. Ce cours monotone fait penser à la modalité évolutive que les paléontologistes désignent sous le terme de « stase », le cas des lignées dont les changements au cours du temps sont très lents, sinon imperceptibles, à l'examen des fossiles successifs.

Certaines espèces qui restent ainsi sans évoluer significativement durant de longues périodes de temps existent encore aujourd'hui et nous les appelons « fossiles vivants ». Il en est ainsi des cœlacanthes, ces poissons âgés de quelque trois cent cinquante millions d'années, dont on connaissait bien les fossiles et qui ont été redécouverts au cours des années trente dans l'océan Indien. Ils nous touchent tout particulièrement car, comme leurs proches cousins les dipneustes, ils rappellent l'ancêtre disparu des vertébrés à quatre membres dont nous faisons partie. Les fossiles vivants, on s'en aperçoit au rythme des découvertes successives, sont plus nombreux qu'on ne le croyait et font partie d'embranchements très divers ; les arthropodes sont, par exemple, représentés par les tout petits crustacés que sont les ostracodes et par le limule qui rappelle les trilobites disparus ; les mollusques le sont par le nautile, un céphalopode comme les calmars et les pieuvres mais dont le corps est contenu dans une coquille. Cette constance dans l'égoïsme a sans doute été associée à une vie relativement solitaire dans des écosystèmes comportant peu d'espèces, en particulier peu de proies et peu de prédateurs.

Un égoïsme plus possessif nous conduit à chercher un meilleur confort, un meilleur ajustement au monde, et c'est le rôle des habitudes peu à peu acquises ; l'une amène l'autre et toutes deviennent autant de maîtres.

Une modalité évolutive nommée « gradualisme phylétique » est marquée par des changements lents et réguliers. Pour Darwin et nombre d'évolutionnistes actuels, ce gradualisme joue un rôle essentiel dans l'apparition de nouvelles espèces, dans la spéciation.

L'obstination dans le même type d'utilisation du monde conduit aux spécialisations de plus en plus marquées : c'est l'orthogenèse déjà évoquée, au sens strict d'évolution linéaire. Il s'agit d'exercer de plus en plus efficacement la fonction vitale devenue essentielle pour le mode de vie adopté et tous les moyens sont bons dans ce but : de multiples caractères phénotypiques, de multiples organes peuvent être touchés par les adaptations successives, mais tous concourent à la même idée fixe fonctionnelle. Un exemple classique et relativement simple en est celui des équidés, dont les pattes et les sabots se sont progressivement modifiés, permettant une course de plus en plus rapide dans les grandes steppes de l'Europe centrale.

L'obstination devient pathologique quand l'habitude prend une importance absurde ; ainsi les défenses des mammifères ongulés devenues démesurées chez le mammouth. Ces excès de l'orthogenèse sont appelés hypertélies et il existe beaucoup d'exemples de caractères se développant ainsi bien au-delà de ce qui semblait utile à l'espèce, comme les bois de cervidés ou la taille des dinosaures géants de l'ère secondaire.

La coévolution

Affronter le monde tout seul est parfois une rude épreuve et certains de ceux qui nous entourent peuvent y aider. Des camaraderies, des amitiés ou des complicités se forment et se renforcent au fur et à mesure que se multiplient les échanges et les souvenirs. Une sorte de mise en commun des égoïsmes individuels rend ces vies dépendantes l'une de l'autre, parfois nécessaires l'une à l'autre.

J'imagine une telle mise en commun d'égoïsmes dans la coévolution, le processus par lequel deux espèces qui ont noué des liens particuliers subissent elles-mêmes des évolutions interdépendantes.

La coévolution peut être souple ou plus stricte lorsque tout changement chez un des partenaires entraîne un changement chez l'autre et réciproquement, si bien que les interactions entre eux deviennent de plus en plus fortes. Elle conduit ainsi à tous les types de symbiose, de cette association bénéfique entre espèces.

Elle est aussi à l'œuvre dans une autre sorte d'association qu'on a l'habitude de distinguer de la symbiose parce qu'on y voit la pathogénicité d'un des partenaires, le parasitisme. La coévolution rend compte de nombreux ajustements physiologiques de l'hôte, par exemple en ce qui concerne son système immunitaire, et elle influe sur sa répartition géographique tandis que les cycles biologiques de l'hôte ont modelé celui des parasites. Elle aboutit ici à un partenariat complètement asymétrique où l'un des acteurs a perdu beaucoup des caractères de ses ancêtres plus libres et s'est véritablement aliéné à l'autre, avec lequel il entretient des rapports d'ailleurs mélangés. La limite entre parasitisme et symbiose n'est en effet pas toujours évidente. Les parasites peuvent dans certaines circonstances être d'intérêt pour leur hôte. Des expériences ont montré la transformation en quelques générations, par exemple entre une bactérie et une amibe, d'un parasitisme en une symbiose. Comme il existe des relations humaines où le besoin de l'autre, sinon l'amitié pour lui, résiste à sa pathogénicité ; on peut même, s'y étant habitué, ne plus pouvoir s'en passer !

La vie moins tranquille

C'est l'angoisse-appréhension que je vois d'abord à l'œuvre, avec un égoïsme relâché et un monde changeant, pour nous faire adopter une vie moins tranquille et susciter des ruptures dans nos manières d'être.

Pour toute une école de pensée, qui oppose au gradualisme une théorie dite des « équilibres ponctués » (disons plus simplement le ponctualisme), de brefs et intenses épisodes de spéciation seraient les responsables essentiels de l'accroissement de la biodiversité et constitueraient les événements principaux de l'Évolution. Ici aussi je vois à l'œuvre, à côté d'un monde changeant, égoïsme-indifférence et angoisse brutale. J'ai déjà dit qu'un monde agressif, aléatoire, est capable de favoriser les changements non seulement par la sélection qu'il opère, mais aussi en augmentant le taux de mutations très diverses, en déclenchant les réponses de type « sos », en augmentant en quelque sorte l'angoisse fondamentale. Si on se rappelle que l'angoisse est aussi capable de stimuler, lorsqu'elle exacerbe la sexualité, la création de nouveaux génomes originaux, elle apparaît, plus et plus, comme un agent de la diversification génétique et elle s'oppose ainsi à un égoïsme conservateur.

La conception ponctualiste, déjà ancienne, a été reprise et étayée depuis une vingtaine d'années par plusieurs biologistes et elle est amplement développée aujourd'hui par le très médiatique Stephen Jay Gould ; elle est d'abord fondée sur les données de la paléontologie qui suggère bien l'existence, à côté de stases et de changements graduels, de brusques diversifications. Les gradualistes manifestent une profonde réticence vis-à-vis de ces arguments, soutenant par exemple que notre connaissance des fossiles est trop imparfaite pour en tirer des conclusions tranchées. En fait, il y a peut-être dans cette fidélité au gradualisme darwinien autre chose qu'un raisonnement scientifique ; peut-être, comme l'a proposé Gould il y a quelque vingt ans, dans un article fameux sur « Les équilibres ponctués : le tempo et le mode de l'Évolution reconsidérés », s'agit-il de l'influence d'une ambiance sociologique : « La préférence générale pour le gradualisme est une position métaphysique enchâssée dans l'histoire moderne des cultures occidentales : ce n'est pas une observation empirique de premier ordre, induite de l'étude objective de la nature. La fameuse assertion attribuée à Linné (la nature ne fait pas de sauts) peut refléter une certaine connaissance biologique, mais elle représente aussi la traduction en biologie de l'ordre, de l'harmonie et de la continuité que les dirigeants européens espéraient maintenir dans une société déjà assaillie par des appels pour un changement social fondamental. » Nietzsche, près d'un siècle auparavant, dans *Le Gai Savoir*, avait été plus brutal : « Tout le darwinisme anglo-saxon dégage comme un air étouffant de surpopulation britannique, comme une puanteur de petites gens, faite de misère et d'étroitesse. »

Même si l'Évolution a inclus des épisodes de gradualisme, l'existence de bouffées de spéciations semble incontestable.

Au cours de leur histoire, beaucoup de lignées ont en effet explosé en de multiples formes nouvelles, un phénomène (rapide à l'échelle des temps géologiques) qu'on nomme radiation évolutive. Les poissons et les mammifères voici quelque quatre cents et quatre-vingts millions d'années respectivement, les rats et les souris il y a quelque quinze millions d'années en ont offert des exemples.

Le processus d'adaptation intervient dans la diversification des formes, si bien que le terme de radiation adaptative est souvent utilisé. Le monde intervient par la nature de tous ses caractères physiques, plus ou moins extrêmes, plus ou moins stables, et aussi par celle de ses caractères biotiques. Il peut offrir des places, des fonctions à remplir, des niches écologiques donc, plus ou moins adéquates et plus ou moins vacantes.

Des radiations récentes sont spectaculaires. Une seule espèce de poisson a sans doute donné naissance aux deux cents espèces qu'on trouve actuellement dans le lac Victoria et cela en moins d'un million d'années, puisque tel est l'âge de ce lac. Le peuplement des îles fournit beaucoup d'exemples presque caricaturaux de radiations dont l'aspect adaptatif est très net, comme celui des mouches des îles Hawaï et, plus fameux parce qu'il avait retenu l'attention de Darwin, celui des pinsons des îles Galapagos. La diversification des espèces à partir d'une même origine s'y est faite très rapidement puisque l'archipel lui-même n'est vieux que de quelques millions d'années. Si le rôle des mondes différents est tenu pour essentiel au cours de ces radiations, des différenciations de comportements et de caractères sexuels sont aussi intervenues.

Après avoir peuplé des îles de taille réduite, les mammifères deviennent souvent plus petits... ou plus grands : en fait, le nanisme insulaire concerne des espèces originellement de grande taille, comme des cerfs, tandis que le gigantisme insulaire concerne des espèces originellement de petite taille, comme des rongeurs. Dans les deux cas, le changement est dû à la levée de contraintes externes, la prédation surtout, qui avaient conduit aux caractères des espèces qui nous sont habituelles.

L'aventure

Les ruptures initiées dans nos vies par l'angoisse et par le monde débouchent sur de bien diverses solutions : le résultat dépend de la nature et de l'intensité de l'angoisse comme, aussi, de la nature et de l'intensité des aléas du monde qui la mettent en jeu.

Une sensibilité extrême et une agression trop forte sont capables de conduire à la mort, mais d'autres issues sont plus fréquentes : on peut revenir à un cours tranquille, se refermer sur soi-même, ou bien courir l'aventure de la libération et de l'indépendance.

Se créer un petit monde particulier, une stratégie qui aboutit de nouveau à une obéissance étroite, suppose en plus de l'angoisse-appréhension un égoïsme-appropriation puissant et déterminé. Les angoissés, comme la patelle, « s'en font un monde », et celui-ci peut rester sans issue.

Bien des espèces animales se sont de même, on l'a vu, engagées dans des culs-de-sac évolutifs à la suite de l'acquisition de caractères adaptatifs contraignants, de spécialisations étroites. Quand on considère les résultats sclérosants de ce type d'ajustement au monde, on est en droit de se poser des questions sur l'espèce qui seule à ce degré change le monde, l'espèce humaine ; ne risque-t-elle pas aussi d'être conduite à une obéissance de plus en plus stricte à ses propres créations ?

Plus complexes, mais plus intéressantes, sont les situations où l'angoisse se trouve à l'origine de changements qui aboutissent eux-mêmes à une indépendance libératrice. C'est d'abord le face-à-face brutal entre l'angoisse et une agression du monde qui brise nos habitudes et notre confort, un face-à-face qu'un égoïsme de survie permet de surmonter. Alors le relâchement d'une tension extrême ne va pas sans plaisir, et notre angoisse, reprenant son cours normal, nous conduit à des essais nouveaux, à des changements capables de nous libérer de l'emprise du monde.

L'idée d'une angoisse éveillant nos possibilités de changements et capable de susciter une libération est à première vue paradoxale puisque ce sentiment est au contraire, pour beaucoup de philosophes, le « vertige de la liberté » de Kierkegaard. Je pense pourtant qu'il n'y a pas là de réelle contradiction ; j'imagine que l'angoisse fondamentale, biologique, est à la fois capable de susciter une libération et de créer des conditions où un état d'âme angoissé va trouver un terreau favorable pour se développer : notre sensation d'angoisse devant la liberté résulterait de la conjonction de ces deux effets. On peut même penser que cette sensation est capable à son tour, par une sorte de rétrocontrôle positif, d'exacerber l'angoisse fondamentale, ce qui pourrait être responsable de l'emballement affolé de certaines vies. D'ailleurs, d'autres sentiments me semblent exposés aussi à un tel rétrocontrôle positif, comme l'égoïsme-appropriation, qui sort souvent renforcé des prises de possession qu'il suscite. Heureusement, ces emballements ne sont pas la règle, et l'on peut échapper à leur cercle vicieux avec l'aide d'un égoïsme-indifférence.

La désobéissance au monde ouvre des voies nouvelles dans le cours de nos vies. Le savoir-vivre est pour Proust « l'indice de grandes entraves pour l'esprit ». Parmi nos contemporains, Romain Bouteille a appelé Coluche « un désobéisseur » pour son « refus de l'apprentissage culturel », et une certaine désobéissance de Jacques Tati a été elle aussi réussie.

Le gain de l'indépendance constitue une solution plus compliquée mais combien plus intéressante que le refermement sur soi-même. On ne se voile plus la face pour ne pas voir un conflit, mais on se dote des moyens de le rendre négligeable : regarder le monde de plus haut et nous en détacher donnent du champ à notre libre arbitre. Augmenter, dans nos vies, le champ des possibles ouvre des voies innombrables, celles des rêveurs et des aventuriers, des clochards et des conquérants.

De même, au long de l'Évolution des lignées, ont été parfois acquis des caractères adaptatifs clés qui ouvraient un avenir nouveau en libérant ceux qui en étaient porteurs de certaines des contraintes du monde : euryhalinité, homéothermie et bien d'autres, comme la structure remarquable qu'est la plume, ont tous joué un rôle dans la conquête des mondes. Ces caractères clés ont ouvert la voie aux radiations les plus innovantes.

Là aussi ont dû se combiner les effets de l'angoisse, d'un égoïsme-indifférence et d'un monde aléatoire ; la complexité des rôles du monde dans l'acquisition de caractères libérateurs mérite qu'on y insiste. Difficile, dangereux, agressif, il favorise d'abord, comme je viens de le rappeler, la diversification des contraintes internes, mais ce n'est pas tout. Ses changements rendent aussi plus difficile l'installation d'ajustements contraignants. Enfin, un monde aléatoire réserve de bonnes surprises ; un relâchement des difficultés et des contraintes externes balaie les manifestations de l'angoisse et peut donner naissance secondairement à une explosion brutale de liberté joyeuse et de force créatrice.

Peut-être l'accommodation des hommes au hasard est-elle une hygiène souhaitable, et leur intérêt pour les jeux du même nom est-il un lointain héritage de la valeur évolutive des agressions aléatoires : plutôt que par l'espoir de gain, le poker, la roulette ou les machines à sous nous attireraient parce qu'ils font travailler les outils de l'angoisse.

L'indifférence au monde nous permet enfin d'en changer et d'autres formes d'angoisse que l'appréhension interviennent alors puissamment pour nous y inciter. C'est l'inquiétude, cette impossibilité de demeurer en repos que Pascal rendait responsable de beaucoup de nos malheurs, c'est l'angoisse-ennui qui est, si la vie la surmonte, le sentiment le plus porteur d'innovation. En réponse à des interviews, Patricia Highsmith répondait qu'elle « créait à partir de l'ennui » et Alberto Moravia : « Je m'ennuie énormément, vous savez. J'ai écrit un livre exceptionnel, *L'Ennui*. On est obligé de créer des événements exceptionnels. L'ennui est une forme d'angoisse. Je le sais maintenant. » Et Albert Camus, dans *L'Envers et l'endroit* : « Tout pays où je ne m'ennuie pas est un pays qui ne m'apprend rien. »

Nous savons que tous les hommes ne partent pas : c'est qu'il y faut justement des angoisses... Dans les salles de conférences ou de spectacles, certains auditeurs s'installent au centre des travées tandis que d'autres ne supportent que le voisinage des allées et de la sortie. Lorsque, du moins il y a quelques années, nous passions d'une station de vacances bien de chez nous à une île des Cyclades, les populations touristiques apparaissaient sans commune mesure : les découvreurs qui avaient fait le voyage ne ressemblaient guère aux « beaufs » qui étaient restés.

L'arrivée se poursuit, elle aussi, par d'innombrables destins différents. Comme les aventuriers européens immigrant en Amérique n'ont pas tous fait fortune, les lignées issues des radiations évolutives, les mammifères par exemple, ont connu des sorts variés qui dépendaient des mondes envahis mais aussi de leurs directives internes.

Le rythme, enfin, des sautes d'angoisse et d'égoïsme et des changements de modalité évolutive a été étonnamment différent selon les organismes. Dans le même laps de temps où certaines lignées allaient d'aventure en aventure, d'autres évoluaient à petits pas. Plusieurs groupes de mammifères ont bien peu changé pendant les trois à quatre millions d'années mis par l'homme pour évoluer, peut-être sous la pression d'une angoisse nouvelle, à partir des australopithèques. Et les égoïstes fossiles vivants sont restés ce qu'ils étaient voici plusieurs centaines de millions d'années tandis que se déroulait toute l'histoire des vertébrés.

QUATRIÈME PARTIE

Histoires de changer

« Ce sont nos passions qui esquissent nos livres, le repos d'intervalle qui les écrit. »

MARCEL PROUST.

Les modalités de l'Évolution, de celles qui évoquent une vie tranquille à celles qui font penser à l'aventure, ont été à l'œuvre tout au long de l'histoire de la vie, successivement ou parallèlement chez des lignées différentes. Quel livre pourrait donc susciter cette histoire de la vie, avec ses surprises, ses intrigues et ses personnages (un livre où l'angoisse et l'égoïsme tiendraient bien sûr leur place), comme les histoires d'un homme, d'une famille, d'une société, d'un peuple sont les sujets de nos plus grands romans ? C'est un projet difficile car l'Évolution se défend par l'immensité de son temps et de son espace, par le nombre de ses acteurs et par les faits scientifiques que l'on doit respecter. Il faut donc pour l'instant se contenter de quelques bribes, de quelques exemples comme ceux présentés dans les chapitres suivants, qui mettent l'accent d'abord sur les échelles de temps très diverses de l'Évolution, ensuite sur les intermittences de ses modalités.

CHAPITRE X

TROIS MILLIARDS ET DEMI D'ANNÉES

Trois milliards et demi d'années, tel est l'âge de la vie sur notre planète, l'équivalent de cent quarante millions de générations humaines ou d'un million de fois la durée qui s'est écoulée depuis les premières manifestations écrites des civilisations humaines... À cette échelle de temps, le monde lui-même a changé et ses changements ont été des facteurs importants de l'Évolution. Les bouleversements physiques ont concerné les climats, la disposition des terres émergées avec la dérive des continents, la composition de l'atmosphère terrestre. Certains, par leur intensité et leur rapidité relatives, ont pris l'allure de véritables crises qui ont bouleversé une plus ou moins grande partie de la biosphère. Il y a environ cent millions d'années, des changements atmosphériques dus sans doute à des éruptions volcaniques ou à des impacts météoriques ont joué un rôle dans la disparition de nombreuses espèces, dont les dinosaures. Plus près de nous, il y a quelque six millions d'années (ce qui correspond d'ailleurs à peu près au début de l'émergence des hominidés), la « crise messinienne » a frappé la Méditerranée ; celle-ci s'est trouvée isolée de l'océan Atlantique et, par évaporation, sa salinité s'est peu à peu élevée ; cette situation a duré environ un million d'années, pendant lesquelles beaucoup d'espèces ont disparu, avant que l'influence océanique se rétablisse et que de nouvelles faunes s'installent.

L'Évolution biologique a elle-même apporté sa contribution aux changements du monde. La biosphère, d'abord limitée à des eaux marines, s'est étendue aux eaux douces, au milieu aérien et aux milieux les plus divers comme les abysses ou les cavernes. Et la vie a changé le monde, jouant ainsi un rôle indirect dans sa propre extension. Les végétaux à chlorophylle ont enrichi, par la photosynthèse, l'atmosphère en oxygène ; ils ont aussi, en les précédant, rendu possible la nutrition des premiers animaux sortis des eaux... Jeu de miroir des écosystèmes, des chaînes alimentaires et de toutes les interactions entre êtres vivants, qui se renvoient leurs effets. Même si on insiste, comme je vais le faire, sur le rôle des sentiments dans la complexification et les conquêtes de la vie depuis son apparition, il ne faut pas oublier que les décors où se sont déroulés ces événements ont changé de nombreuses fois.

Complication

La vie, aujourd'hui, c'est plusieurs dizaines de millions d'espèces, des bactéries aux champignons, aux plantes et aux animaux, et il faudrait aussi compter les innombrables espèces disparues dont témoignent parfois les fossiles. Tout indique que ces organismes sont les descendants de « quelque chose » d'unique, un ensemble macromoléculaire capable de se reproduire, apparu voici trois milliards et demi d'années dans un milieu marin, soupe primitive ou mille-feuille argileux. Sans entrer dans le détail du « tout indique » qui fait donner aux êtres vivants un ancêtre commun, disons qu'il s'agit des ressemblances profondes entre leurs cellules tant pour l'organisation que pour la biochimie ; de ce dernier point de vue, l'argument le plus récent, mais non le moins important, réside dans les similitudes qui existent entre les ADN de tous les organismes vivant sur notre planète.

En montrer seulement l'origine et son état actuel, c'est dire, déjà, combien l'histoire de la vie est stupéfiante ; c'est dire aussi que la reconstitution de cette histoire reste incertaine malgré les progrès des multiples disciplines scientifiques qui ont leur mot à dire, depuis la paléontologie jusqu'à la génétique en passant par la biogéographie et la biologie comparée.

Une manière de décrire cette histoire est de construire une sorte d'arbre généalogique où les espèces actuelles ou fossiles sont autant de rameaux ou de feuilles dont l'origine commune doit être quelque part à la racine. Ces arbres, d'abord construits grâce aux comparaisons des caractères morphologiques des organismes, le sont de plus en plus grâce aux séquences de protéines et surtout d'acides nucléiques dont l'évolution traduit celle d'une partie du génome. Plus les caractères de deux espèces se ressemblent, plus voisines elles apparaissent sur l'arbre généalogique. Les données ainsi obtenues, dont l'interprétation n'est pas toujours aisée, n'ont pas levé toutes les incertitudes, mais elles ont apporté des renseignements très précieux.

Essayons d'oublier les incertitudes. Les premiers ensembles macromoléculaires se sont organisés en cellules dotées de matériel héréditaire et d'une membrane les séparant du milieu extérieur, et j'imagine les débuts de l'égoïsme et de l'angoisse fondamentaux chez ces premiers organismes unicellulaires. L'apparition de la membrane cellulaire était peut-être la condition nécessaire aux premières manifestations de l'angoisse. Cependant, les outils des sentiments présentent des caractères bien particuliers chez ces procaryotes dont font partie les bactéries actuelles ; le matériel héréditaire n'est pas encore organisé en noyau (ce qui leur vaut leur nom) et leur membrane n'a pas la capacité de capturer, de phagocyter, d'autres organismes vivants.

L'acquisition de ces derniers caractères a constitué une étape essentielle de l'histoire de la vie, marquant l'apparition des eucaryotes (possédant un noyau cellulaire bien différencié), il y a un à un milliard et demi d'années.

Un autre événement est venu en complément, c'est la mise en place d'organites intracellulaires qui aident à la respiration, au métabolisme énergétique : les mitochondries et les plastes. Il s'est produit très précocement dans le cas des mitochondries, chez des eucaryotes primitifs qui sont à l'origine des animaux, et plus tardivement dans le cas des plastes qui caractérisent les plantes. Au début du siècle, Paul Portier, un physiologiste français surtout connu pour la découverte de l'anaphylaxie, mais remarquable aussi par ses travaux et ses intuitions dans d'autres domaines, avait pressenti, dans son ouvrage *Les Symbiotes*, que les mitochondries tiraient leur origine de bactéries symbiotiques : après beaucoup de controverses, on sait aujourd'hui qu'il en est bien ainsi. Les mitochondries possèdent elles aussi de l'ADN et celui-ci se révèle en effet plus proche de celui de bactéries que de l'ADN nucléaire de la cellule où elles fonctionnent.

Ainsi, mitochondries et plastes étaient d'abord des bactéries, collaboratrices ou parasites, qui en tout cas faisaient profiter leur hôte de leurs gènes et de leurs fonctions ; sans perdre ceux-ci, elles y ont ensuite perdu leur individualité. Comme dans d'autres épisodes de coévolution, il est tentant de parler d'un égoïsme à deux qui se termine ici par l'abdication d'un des partenaires. On ne sait pas de façon certaine quelles espèces ont été les ancêtres des mitochondries et des plastes, mais il semble bien, en considérant aussi les symbioses actuelles, que certains groupes de bactéries ont une propension particulière aux relations de ce type, aux collaborations obéissantes.

Il a été aussi proposé que le noyau des eucaryotes est lui-même issu d'une symbiose, une petite bactérie s'intégrant dans un hôte plus volumineux et capturant en quelque sorte son ADN libre.

Comme la construction des cellules eucaryotes représente une étape cruciale de l'Évolution, on voit déjà à ce stade qu'on ne saurait surestimer l'importance pour celle-ci des processus de coévolution.

Dès cette première époque, celle des êtres unicellulaires, il ne faut pas oublier les interactions de la vie et du monde. Il y a deux milliards d'années, c'est un procaryote qui a développé le premier les moyens d'utiliser l'énergie solaire grâce au processus de photosynthèse, avec pour conséquence l'enrichissement de notre atmosphère en oxygène. Cet oxygène, qui nous est si indispensable, est venu en fait s'ajouter à une vie déjà complexe, mais il a largement conditionné l'Évolution ultérieure en augmentant l'efficacité du métabolisme énergétique. En tout cas, quelques-unes des molécules d'oxygène que nous respirons ont certainement été produites il y a longtemps par une bactérie inventive.

Les protozoaires, des eucaryotes unicellulaires, ont régné pendant des centaines de millions d'années en se diversifiant d'une façon remarquable, comme d'autres organismes, les animaux et les plantes, allaient le faire plus tard.

Les premiers animaux pluricellulaires, les premiers métazoaires, sont sans doute apparus il y a quelque neuf cents millions d'années. On considère en général qu'ils dérivaient d'une souche commune, d'un groupe de protozoaires réunis en une sorte d'organisme colonial, et de nouveau dans cette étape cruciale voici à l'œuvre une sorte de complicité, d'égoïsme à plusieurs. Des entités aux-quelles Proust comparait Albertine et ses amies sur le front de mer de Cabourg-Balbec, le groupe des jeunes filles en fleur lui apparaissant « comme ces organismes primitifs où l'individu n'existe guère par lui-même, est plutôt constitué par le polypier que par chacun des polypes qui le composent ».

Pour que l'association devienne plus organisée, il a fallu que la complicité s'approfondisse à beaucoup d'égards ; les composants unicellulaires initiaux sont deve-nus capables d'adhérer et de communiquer entre eux, capables aussi de se spécialiser pour que s'instaure, au sein de la nouvelle unité morphologique et physiologique, une division du travail. Utilisant l'ébauche de reproduc-tion sexuée déjà présente chez leurs ancêtres protozoaires, ces animaux ont transformé certaines cellules en gamètes et inventé le développement de l'individu à partir d'un œuf fécondé.

Nous en sommes encore à la préhistoire des méta-zoaires. Leur histoire proprement dite commence avec ceux d'entre eux qui ont laissé les traces quasiment écrites que sont les fossiles, et elle a été marquée par deux évé-nements particulièrement remarquables, deux explosions brutales de formes diverses.

La première est attestée par ce qu'on appelle les ani-maux d'Ediacara, du nom d'une localité australienne où leurs restes ont été pour la première fois découverts ; par la suite, on en a trouvé dans de nombreux autres gise-ments. Cette explosion s'est produite il y a quelque cinq cent quatre-vingts à cinq cent soixante millions d'années et elle concernait des animaux marins du type des coraux, des hydres, des méduses actuels.

La seconde explosion des métazoaires, sans doute encore plus spectaculaire, n'a été mise en évidence que récemment par l'étude d'un ensemble de fossiles d'une richesse étonnante présents dans les schistes trouvés à Burgess, au Canada, des fossiles d'animaux marins datant de cinq cent quarante à cinq cent vingt millions d'années. Les résultats sont révolutionnaires. D'abord, en effet, ils montrent que tous les grands types d'organisation présents aujourd'hui, des vers aux arthropodes et même aux ancêtres des vertébrés, sont alors apparus en cinq à dix millions d'années, ce qui constitue une durée très courte à l'échelle des temps géologiques. Plus encore, d'autres formes sont aussi apparues à ce moment, des formes que nous trouvons étranges car elles n'ont pas laissé de descendants.

Il s'agit, on le voit, de radiations évolutives semblables à celles que j'ai évoquées plus haut, et même de véritables mégaradiations. On invoque, parmi les hypothèses explicatives, des changements de certains paramètres des eaux marines, comme la teneur en oxygène ou en sels, ainsi qu'un monde sans grande pression de sélection à cause du faible nombre d'espèces présentes. Sans prétendre résoudre par des mots ce qui reste une des grandes énigmes de l'Évolution, je ne peux m'empêcher d'y voir à l'œuvre aussi des modifications brutales de directives internes, de l'ordre d'un brusque affaiblissement de l'égoïsme et, au contraire, de bouffées d'angoisse.

Les complications des êtres vivants allaient de pair avec une division du travail de plus en plus poussée, résultat de différenciations cellulaires de plus en plus diverses : le développement construit de multiples tissus et organes qui vont chacun assumer une ou des fonctions précises, l'ensemble étant intégré par les systèmes nerveux et endocrinien. Le monde perceptible et accessible à la vie change parallèlement, en ce qui concerne non seulement l'espace mais aussi le temps. J'imagine que le « temps libre » n'apparaît vraiment qu'avec les métazoaires... car une cellule isolée n'a pas de répit, sinon un ralentissement de son activité en de rares circonstances, comme durant la vie latente des graines. Peut-être ce changement a-t-il ouvert lui aussi de nouvelles possibilités à la vie...

La conquête des mondes

Les océans, dont la géographie et la salinité ont largement varié tout au long de l'histoire de la vie, ont été son berceau puis celui des différents embranchements de métazoaires.

Beaucoup de ces embranchements ont plus tard conquis les terres émergées. Lichens et mousses ont commencé à s'installer sur les basses terres côtières il y a quelque sept cents millions d'années ; avec, ensuite, les plantes vasculaires, ils se sont répandus plus avant et ont permis aux animaux de s'aventurer à leur tour sur la terre. Parmi ceux-ci, des arthropodes du type des mille-pattes ont sans doute été les premiers, mais les sorties des eaux les plus nombreuses et efficaces ont eu lieu au cours d'une période datant de quatre cent vingt à trois cent soixante millions d'années ; elles ont été principalement le fait d'autres arthropodes, de mollusques, de vers et de vertébrés.

Ainsi, les lignées issues de la radiation de Burgess ont en général attendu près de cent cinquante millions d'années avant de quitter leur monde marin. Aux deux questions : pourquoi pas avant ? et pourquoi pas après ? on répond classiquement en avançant des propriétés du monde à conquérir. Avant, dit-on, le monde terrestre était trop inhospitalier pour diverses raisons incluant une concentration d'oxygène faible, une concentration élevée de ce gaz dangereux qu'est l'ozone, puis une période glaciaire... Après, eh bien, les places étaient prises... Il y a sûrement du vrai dans ces explications, mais elles me laissent sur ma faim et je suis tenté d'y ajouter des raisons tenant aux directives internes des futurs conquérants et au monde qu'ils peuplaient alors, de m'intéresser non seulement à l'installation mais aussi au départ, d'imaginer à l'œuvre une angoisse-ennui ou une angoisse-inquiétude.

Comment s'est passée la conquête des terres par les vertébrés, l'apparition, après les poissons, des organismes terrestres qu'on appelle tétrapodes pour leurs quatre membres, les amphibiens, les reptiles, les oiseaux et les mammifères ? Certains poissons, de ceux dits osseux par opposition aux cartilagineux comme les raies et les requins, ont quitté la haute mer pour venir peupler des zones côtières, sans doute à cause d'une compétition trop dure ou d'un manque de ressources. Ces zones côtières, vraisemblablement riches en petits invertébrés dont les poissons se nourrissaient, étaient aussi pleines d'aléas. Elles étaient peu profondes, soumises à des changements fréquents dus aux marées, aux vents, parfois à l'arrivée d'eau douce ou peut-être, au contraire, stagnantes et pauvres en oxygène. Dans la diversité des réponses de divers groupes de poissons à un tel monde, il en est qui ont eu pour nous un retentissement particulier en permettant notre propre émergence. Certains d'entre eux, en effet, ont développé, voici environ quatre cents millions d'années, des caractères qui étaient non seulement adaptatifs vis-à-vis de ce monde aléatoire mais qui leur ont aussi permis de conquérir les continents. Ils ont acquis des nageoires spéciales qui les rendaient capables de se déplacer sur le fond marin et qui, préfigurations des membres des futurs tétrapodes, les autorisaient aussi à des excursions sur la terre ferme. Ils ont aussi acquis des ébauches de poumons qui leur permettaient de respirer l'air atmosphérique. Les dipneustes actuels nous donnent une image de ces ancêtres directs des premiers tétrapodes proprement dits, les amphibiens.

Ces derniers n'ont réalisé qu'une conquête imparfaite

des continents : toute une partie de leur cycle vital est en général restée inféodée à l'eau parce que les gamètes, l'œuf fécondé qui résulte de leur union, et enfin le développement de l'embryon ont besoin, comme chez tous les vertébrés d'ailleurs, d'un milieu extérieur aquatique. Certes, de nombreuses lignées d'amphibiens ont tenté de s'affranchir de cette contrainte par d'innombrables astuces, mais un ensemble de caractères qui résolvait le problème d'une manière toute nouvelle et qui s'est révélé bien plus efficace n'a été acquis que chez les ancêtres des reptiles, des oiseaux et des mammifères. Il s'agit d'abord de la fécondation interne, mais celle-ci, déjà présente d'ailleurs chez certains poissons, n'était pas suffisante. Le caractère majeur est l'existence d'une annexe embryonnaire, d'une cavité entourée de membranes aux propriétés particulières, tout spécialement celle qu'on appelle *amnios* ; c'est dans cette cavité pleine de liquide que l'embryon se développe, à l'intérieur même du corps de la mère.

Les rapports entre l'eau et les vertébrés ont posé très précocement d'autres questions. D'abord, ces derniers, seuls parmi toutes les formes marines issues de la radiation de Burgess, ont acquis une capacité qui devait beaucoup contribuer à leur devenir, la capacité de maintenir constante la concentration en sels de leur milieu intérieur. Cette concentration est aujourd'hui d'environ neuf grammes de chlorure de sodium par litre ; on imagine qu'il en était de même à l'origine et que cette valeur correspondait à la salinité, bien plus faible qu'actuellement, des mers de cette époque. Ils s'engageaient ainsi dans une voie bien différente de celle des invertébrés, une voie qui impliquait la mise en place de fonctionnements nouveaux de tous ces outils de l'égoïsme et de l'angoisse que j'ai décrits, comme la peau, la branchie et les mécanismes neuroendocriniens de régulation. C'était une innovation considérable, car la possibilité de supporter des changements était en quelque sorte transférée des cellules à l'organisme entier, l'individu prenant en charge les tâches osmorégulatrices.

On sait bien qu'il existe aujourd'hui beaucoup de poissons d'eau douce, ou dulcicoles, et aussi des poissons euryhalins que j'ai déjà évoqués. On ne sait guère quels enchaînements évolutifs y ont conduit depuis les premiers poissons, sans doute marins, ni si les ancêtres des amphibiens étaient dulcicoles comme les dipneustes actuels, mais dans toutes les hypothèses la constance du milieu intérieur a constitué un atout majeur. L'acquisition de l'euryhalinité a certainement constitué une transition vers la conquête des eaux douces. Cette euryhalinité, j'imagine qu'elle a été acquise dans des zones côtières peu profondes où la salinité de l'eau devait varier selon les marées, les pluies et la force des cours d'eau. Des espèces euryhalines devenues capables de se reproduire en eau douce s'y seraient ensuite limitées, perdant la capacité d'affronter les eaux devenues trop salées pour elles. Toutefois, des scénarios bien plus compliqués, avec des alternances multiples, se sont aussi sans doute déroulés comme le suggèrent les stratégies vitales de grands migrateurs tels le saumon et l'anguille.

Revenons sur cette dernière, et d'abord sur l'entrée en eau douce qui suit la première métamorphose de leptocéphale en civelle. Pour ce passage de l'eau de mer à l'eau douce, une mémoire olfactive semble bien, comme pour le saumon qui se souvient de sa rivière natale, jouer un rôle, mais elle est d'une autre nature puisque les civelles qui approchent des côtes n'ont, elles, jamais encore connu les zones où elles vont pénétrer. Elles sont attirées par une substance végétale, la géosmine, qui est typique des eaux douces, et il doit donc s'agir dans ce cas d'une mémoire innée, portée par le génome, au lieu d'un souvenir acquis.

Les civelles, d'abord translucides, se pigmentent, grandissent pendant cinq à vingt ans, puis subissent la seconde métamorphose que j'ai déjà évoquée, l'argenture, qui précède, détermine et conditionne la migration marine de reproduction.

Ainsi, le cycle vital des anguilles – et il en est de même pour les saumons – est marqué par l'opposition de deux périodes, consacrées l'une à la croissance et à la nutrition, l'autre à la reproduction : deux périodes inféodées à des mondes différents.

Le monde de la reproduction reste pour les anguilles encore mystérieux quoiqu'il commence à livrer ses secrets. Puisque les animaux qu'on empêche de migrer ne montrent pas de maturation sexuelle, c'est que des facteurs du milieu extérieur rencontrés pendant le long voyage vers la mer des Sargasses sont responsables de l'initiation et du déroulement de la puberté. On s'est posé beaucoup de questions sur la nature de ces facteurs, qui ne sont ni la salinité de l'eau ni l'obscurité ; les conditions de quelques rares captures en mer suggéraient que les anguilles migraient en eau profonde et que la pression hydrostatique pouvait donc constituer un facteur essentiel. Effectivement, des fonctions physiologiques liées au déclenchement de la puberté sont stimulées chez des poissons immergés dans des cages en profondeur ; la nécessité, ainsi suggérée, d'un long séjour sous pression pour la maturation sexuelle donnerait un sens à la migration apparemment absurde de l'anguille. Je suis de plus tenté de penser que le frai lui-même, dans la mer des Sargasses où l'on trouve des fonds de six mille mètres, s'effectue très profondément, et ce pourrait d'ailleurs être l'explication de l'insuccès des pêches qui y ont été tentées, toujours assez près de la surface.

Comment, au cours de l'Évolution, s'est construit ce cycle compliqué ? À leur apparition, il y a quelque cent millions d'années, les ancêtres directs des anguilles actuelles étaient vraisemblablement des poissons entièrement marins comme les autres poissons du même groupe, les congres par exemple, le sont encore actuellement. Je suppose que, déjà, ils devaient se reproduire dans des eaux marines profondes. Les raisons de cette nécessité sont encore mystérieuses, mais on est frappé du fait que les aires de reproduction des diverses espèces d'anguilles actuelles coïncident toutes avec une géologie particulière des fonds marins, avec la présence de zones de subduction, c'est-à-dire celles où une plaque tectonique s'enfonce sous une autre ; peut-être une chimie particulière des eaux marines profondes baignant ces zones est-elle en cause.

Comme beaucoup d'autres poissons marins évoqués ci-dessus, les ancêtres des anguilles ont dû effectuer des visites temporaires dans des zones estuariennes. Là, par le jeu d'un monde changeant et d'un égoïsme-indifférence, elles ont acquis l'euryhalinité qui leur a permis la conquête des eaux douces et l'utilisation de ce nouveau monde pour la phase trophique de leur cycle vital.

Hélas pour la libération qu'on aurait alors pu croire amorcée, les anguilles, devenues pour leur croissance étroitement dépendantes des eaux douces ou côtières, restaient inféodées, pour leur reproduction, à des zones marines profondes. La branchie, pour assurer l'euryhalinité, s'était modifiée sur fond de libération, tandis que le contrôle de la reproduction restait assujetti à un monde très précis ; une conquête avait en somme abouti à une obéissance supplémentaire. Un aller-retour entre les deux mondes devenait nécessaire, à chaque cycle vital, pour la survie de l'espèce et, afin d'assurer la réalisation de cet aller-retour, de nouveaux caractères adaptatifs étaient acquis : ces caractères qui s'expriment durant l'argenture et qui, tout en préparant les animaux à leur future vie marine, induisent en même temps un conflit en eau douce. L'Évolution mettait en somme en place un conflit avec le monde, qui, sur fond d'angoisse, garantissait le départ.

Et puis le monde lui-même changeait. La zone de

reproduction à laquelle l'anguille était inféodée s'éloignait de l'Europe à cause de la dérive des continents, et la migration devait s'allonger parallèlement. Pour en assurer le succès, des caractères adaptatifs supplémentaires devenaient nécessaires, comme l'accumulation de réserves énergétiques et la capacité de repérer la direction à suivre pour se rapprocher de la lointaine aire de ponte. Ainsi, cet extraordinaire cycle vital paraît avoir été acquis par un empilement d'adaptations successives, très différentes, une adaptation libératrice (l'acquisition de l'euryhalinité) étant finalement dévoyée par des adaptations contraignantes, par des obéissances persistantes au monde et aux changements mêmes de celui-ci.

Revenons aux premiers reptiles. Ils avaient pallié, grâce à l'amnios, le handicap d'avoir besoin d'eau, mais ils étaient encore très dépendants d'un autre facteur du monde, la température : comme les poissons, ils étaient poïkilothermes, c'est-à-dire que leur température interne était voisine de celle du milieu extérieur, d'où les dangers de températures extrêmes et déjà un ralentissement de toutes leurs activités à basse température. C'est bien sûr l'homéothermie, la capacité déjà évoquée de maintenir constante la température corporelle, qui a conféré aux mammifères et aux oiseaux, peut-être déjà à certains dinosaures, une véritable indépendance vis-à-vis du milieu et donc la possibilité de conquérir les zones climatiques les plus diverses ; je suggère qu'elle a été acquise dans des environnements où les changements de température étaient au moins en partie aléatoires. Si cette acquisition a bien été une adaptation à la variabilité du milieu, son résultat est allé plus loin, comme une sorte de luxe créatif. En effet, l'homéothermie (avec une température interne d'environ 37°C) est « chaude » comparée aux températures terrestres, ce qui a réglé la vitesse de fonctionnement des enzymes à un niveau élevé et, donc, favorisé la rapidité des réactions métaboliques, celle des mouvements et sans doute celles de l'apprentissage... et de la pensée.

À l'origine de chaque conquête majeure, on retrouve donc l'acquisition d'un caractère adaptatif clé et libérateur, acquisition pour laquelle j'imagine les rôles convergents d'un monde aléatoire, de l'angoisse-appréhension et de l'égoïsme-indifférence. Nageoires et poumons des ancêtres directs des dipneustes, euryhalinité de certains poissons, amnios des vertébrés dits supérieurs, homéothermie des mammifères et des oiseaux... autant de caractères qui permettent aux organismes d'assumer les variations du monde, de s'y accommoder en restant eux-mêmes, au lieu d'être obligés soit de s'en protéger, soit de les suivre. Cette indépendance acquise rend possibles le changement de monde, le départ aventureux, le voyage : il y a là fuite d'un monde trop dur, mais aussi inquiétude ou ennui.

Commence ensuite la gestion du monde conquis... C'est l'installation dans des niches écologiques plus ou moins vides qui favorisent les nouveaux venus aptes à les remplir et, souvent, avec l'égoïsme d'appropriation, l'utilisation maximale de ces nouvelles niches ; mais on quitte ici le domaine de la conquête pour les spécialisations, pour une obéissance au nouvel écosystème. Peut-être cet attachement tient-il aussi à des agréments présentés par ces nouveaux mondes ; les animaux sortis de l'eau ont peut-être été retenus sur la terre par une accoutumance aux drogues de végétaux succulents !

Malgré ces succès et ces possibles délices, il peut se produire de nouveaux départs et même des retours. Bien des mammifères terrestres, ancêtres des phoques, des siréniens et des dauphins, des cachalots et des baleines, ont conquis divers milieux aquatiques et des adaptations leur ont conféré des caractères permettant l'utilisation de ce monde retrouvé. Certains de ces caractères, par exemple liés à la locomotion, présentent des analogies avec ceux des poissons, mais leurs ADN, leurs protéines et leurs principales directives internes, comme celles qui règlent la reproduction et le développement, sont restés, avec l'homéothermie, typiquement mammaliens.

CHAPITRE XI

LIGNÉES ÉVOLUTIVES
ET VIES HUMAINES

Développement d'un individu et Évolution au sein d'une lignée animale : ce parallèle a été souvent fait, même s'il a donné lieu à beaucoup de critiques car, je l'ai rappelé à plusieurs reprises, le génome et le monde jouent des rôles bien différents dans ces deux événements. Le développement est dû à l'expression en cascade des gènes présents dans le génome, une expression qui se modifie, s'accommode, en fonction du monde et de ses variations. L'Évolution reflète les changements de la structure du génome par les mutations que le monde contribue à susciter et à sélectionner.

Enfin, la durée d'une vie humaine, quelques pauvres dizaines d'années, est en général bien inférieure à celle de l'Évolution d'une lignée animale.

Ici, de nouveau, c'est donc d'analogies qu'il s'agira.

Fondation

Si Darwin a intitulé son livre majeur *L'Origine des espèces*, c'est qu'en effet la fondation d'une espèce constitue l'une des questions les plus importantes posées par l'Évolution.

Puisqu'une espèce est constituée par l'ensemble des êtres vivants capables de se reproduire entre eux dans les conditions naturelles, une spéciation suppose l'établissement d'une barrière d'isolement reproductif, donc d'une barrière génétique entre des populations d'abord identiques : là encore s'exerce le jeu de la mutagenèse et du monde.

Une barrière génétique se constitue par des mutations qui peuvent être de natures très variées et déterminer des effets phénotypiques eux aussi très divers. Il s'agit parfois d'un changement très ponctuel, par exemple de la structure d'une protéine impliquée dans le processus de fécondation : un tel événement joue un rôle dans la spéciation des gros et délicieux mollusques que sont les abalones. Les changements peuvent être immédiatement spectaculaires comme après les mutations de gènes du développement. Au contraire, ils peuvent être minimes ou même indétectables lorsque les mutations, sans pour autant concerner des gènes exprimés dans le phénotype, sont pourtant suffisantes pour empêcher la recombinaison des génomes.

Pour l'établissement d'une barrière génétique, ces diverses mutations représentent dans certains cas l'événement initial, mais ce dernier peut être d'une nature toute différente : l'isolement géographique d'une population. Cette spéciation géographique fait suite, par exemple, à des migrations de populations ou bien à leur séparation par un obstacle climatique ou géologique. L'apparition de chaînes de montagnes et de glaciers, ou celle de déserts, ou encore les changements liés à la dérive des continents, ont été les agents de tels innombrables événements. Les ensembles ainsi isolés se mettent à évoluer séparément et, finalement, le jeu des mutations et du monde les fait diverger suffisamment pour qu'ils ne puissent plus se reproduire avec les autres populations de la même espèce : la spéciation est alors achevée.

La probabilité d'isolements géographiques réussis dépend à la fois de la plasticité phénotypique et du polymorphisme génétique de l'espèce initiale : les capacités d'accommodation permettent l'extension à des mondes divers tandis que la diversité des génomes individuels facilite la divergence entre populations.

La spéciation géographique est accélérée et amplifiée par ce qu'on nomme l'effet de fondation. D'abord, l'isolement est le fait d'une toute petite population de l'espèce initiale (peut-être même une seule femelle fécondée), qui ne porte qu'une petite partie de la diversité du génome de l'espèce mère, si bien que dès l'origine existe une importante différence génétique. Ensuite, le succès éventuel ne va pas sans une explosion démographique qui renforce la spéciation. Un peu comme certaines aventures de l'humanité, où le départ de petits groupes a changé notre histoire plus qu'on n'aurait pu l'imaginer ; celui des « Pères fondateurs » des États-Unis, embarqués sur le *Mayflower*, en est, parmi tant d'autres, un exemple récent. Encore faut-il, évidemment, pour le succès de la petite population fondatrice, qu'elle trouve une niche écologique favorable. Celle-ci ne doit pas être trop occupée... à moins que les envahisseurs soient dotés des moyens de se débarrasser de premiers occupants, gênants mais plus faibles comme l'étaient les Indiens d'Amérique.

Revenons à la fondation d'un individu. Un enfant qui ne se sépare pas de ses parents aura bien du mal à s'individualiser, et le « familles, je vous hais » pourrait être le cri d'une spéciation avortée. Il ressentira l'angoisse de son individuation ratée mais sera trop faible pour la traiter en partant. D'autres seront capables de l'assumer par l'égoïsme-indifférence ou de réagir par la fuite. Ces diverses stratégies sont souvent officialisées par les sociétés humaines comme l'a montré le sociologue Emmanuel Todd qui décrit un type de famille, qu'il appelle « nucléaire absolue », où est reconnu un droit des générations à s'ignorer, opposé à la « famille communautaire ». Pour la séparation, on a souvent mis en place des règles comme le service militaire ou bien accepté des habitudes liées aux vacances ou à la mobilité universitaire.

Mais l'isolement ne doit pas aller trop loin ; la nouvelle niche ne doit pas être trop seule dans l'écosystème, il y faut des populations d'autres espèces jouant des rôles complémentaires. Les hommes isolés de leurs semblables dès leur naissance et pour longtemps deviennent les classiques « enfants sauvages » ; ici aussi une précoce et longue absence du non-soi perturbe la construction du soi.

Vieillissement

Après une période plus ou moins longue vient le temps de la mort, précédé par celui du vieillissement. Beaucoup d'arguments suggèrent que ce dernier est programmé génétiquement, comme le développement dont on peut d'ailleurs considérer qu'il représente la dernière étape. En effet, la durée de vie est, en première approximation, la même chez tous les individus d'une espèce ; *a contrario*, un autre argument réside dans le fait qu'il existe des familles humaines où la vie est statistiquement particulièrement longue ; on a pu, aussi, modifier la longévité de certains animaux par manipulation génique. Le « programme du vieillissement » s'exerce au niveau des cellules de l'organisme mais ni la nature des gènes responsables ni leur mécanisme d'action n'ont été encore bien caractérisés. Comme pour les périodes antérieures du développement, le milieu extérieur est capable de moduler l'expression du programme, en particulier d'accélérer le vieillissement par ses agressions.

Les mécanismes du vieillissement normal lui-même impliquent d'ailleurs les dommages causés au génome par l'accumulation, dans les diverses cellules somatiques (par opposition aux cellules sexuelles, les gamètes), de mutations non corrigées. Il y a là un lien avec la sexualité dont le rôle primaire serait, on l'a vu, de fournir des gamètes relativement débarrassés, eux, des erreurs accumulées pendant la vie des parents. Comme l'écrit joliment, dans un article récent, le biologiste américain J.C. Avise, la sexualité permettrait « aux gamètes et aux génomes qu'ils contiennent d'échapper au naufrage du vaisseau somatique », ce naufrage qu'est le vieillissement.

Décidément, les systèmes génétiques de contrôle des mutations, ces systèmes où j'ai mis de l'égoïsme ou de l'angoisse, nous rappellent partout leur importance.

Le vieillissement est associé à des maladies diverses. Les mutations non corrigées qui touchent les cellules de nos divers organes contribuent directement au processus de cancérisation. J'insisterai sur d'autres ensembles de pathologies, qui concernent les réactions au monde.

Le premier concerne le syndrome de stress. Les capacités de réponse aux agressions diminuent, et l'épuisement des défenses neuroendocriniennes survient rapidement ; ni la fuite ni le combat ne sont plus possibles.

Le système immunitaire constitue une autre cible du vieillissement qui peut l'affecter de manières opposées. Une stimulation déréglée conduit aux maladies auto-immunes tandis que, le plus souvent, au contraire, son affaiblissement diminue la défense du soi.

Le cerveau n'échappe pas à la sénescence et certaines

pathologies précises, comme la maladie d'Alzheimer, sont bien identifiées. Des changements de manière d'être, de stratégie vitale, accompagnent souvent le vieillissement. Un « comportement général de maladie » s'instaure fréquemment, avec un repliement sur soi-même, un arrêt de l'exploration, qui semble lié à des changements au niveau des messagers chimiques.

C'est bien cet étiolement de nos capacités d'accommodation au monde qui est le plus général et insidieux. Il est frappant de constater que les outils de l'égoïsme et de l'angoisse, comme le système immunitaire et les éléments du syndrome de stress, sont parmi les cibles privilégiées du vieillissement et que la sénescence semble correspondre à un égoïsme et à une angoisse modifiés, comme recroquevillés sur eux-mêmes. Ne pouvant plus s'accommoder au monde réel, certains vieillards le fuient et s'isolent, se créant même un monde fictif tandis que les désirs et les besoins diminuent.

C'est, décrit par Proust, « ce grand renoncement de la vieillesse qui se prépare à la mort, s'enveloppe dans sa chrysalide, et qu'on peut observer, à la fin des vies qui se prolongent tard [...] entre les amis unis par les liens les plus spirituels, et qui à partir d'une certaine année cessent de faire le voyage ou la sortie nécessaire pour se voir, cessent de s'écrire et savent qu'ils ne communiqueront plus en ce monde ».

L'ennui, d'abord associé à ces changements, peut à son tour, avec la conscience du passage du temps, s'atténuer. Désirs abolis, temps oublié, peut-être s'agit-il de caractères adaptatifs qui vont de pair avec l'incapacité à réaliser les premiers et à occuper le second.

Les espèces non plus ne sont pas éternelles. On peut dire, seulement par analogie, qu'après leur fondation elles mènent leur vie et meurent comme un individu ; on peut même calculer des durées d'existence moyennes, dont on a déjà illustré la diversité, et qui sont, par exemple pour les espèces de mammifères, de quelques millions d'années. À ce cours banal des choses se sont ajoutées au fil des temps géologiques des crises d'extinction en masse ; comme elles ont frappé des espèces très diverses, on pense que des changements importants du monde y ont joué un rôle. J'ai évoqué la crise messinienne qui a frappé la Méditerranée et une autre, plus générale et plus connue parce qu'elle a concerné les dinosaures, qui s'est produite il y a quelque soixante-dix millions d'années. Bien d'autres espèces moins médiatiques ont été alors touchées, en particulier de nombreux invertébrés marins dont les larves étaient planctoniques, comme les ammonites. Ainsi, non seulement le milieu terrestre mais aussi la surface des océans ont dû être perturbés, suggérant une crise globale de notre planète : accès de refroidissement ou bien catastrophes comme la chute d'un météore ou des éruptions volcaniques.

Qu'il s'agisse de ces crises ou, surtout, des extinctions plus banales, on peut dire que la mort d'une espèce résulte de changements qui ont rendu le monde et les directives internes incompatibles entre eux ; dans certains cas, elles ont peut-être traduit la perte du sens réel des caractères adaptatifs que la lignée avait acquis auparavant, et les hypertélies, ces excès de l'orthogenèse, sont en somme de telles pertes du sens. Les disparitions d'espèces évoquent alors une pathologie de l'adaptation ressemblant à nos propres pathologies de l'accommodation. Pour survivre dans certains mondes, la capacité d'ajustement est plus efficace que la force, à la surprise de l'observateur superficiel : qui aurait parié, pour la conquête la plus réussie des terres immergées, sur les premiers mammifères minuscules qui faisaient pitié ou se faisaient oublier face aux puissants reptiles faisant peur ou envie ?

Et les idées ?

Les hommes, les espèces... Je suis tenté de poursuivre l'analogie dans le domaine des idées.

Vue de loin, la fondation d'une nouvelle théorie, d'une nouvelle doctrine, d'un nouveau mouvement, qu'il soit scientifique, artistique ou philosophique, semble pouvoir être datée et attribuée. Pourtant, dès qu'on approfondit la recherche historique, on voit que ce nouvel ensemble de concepts ne s'est en général construit et diffusé que peu à peu. Comme pour une espèce, la fondation n'est vraiment perceptible que lorsqu'une nouveauté majeure a eu le temps de se répandre ou bien que de petits changements convergents sont devenus suffisamment nombreux. Le transformisme lui-même, l'idée que les espèces se transforment les unes en les autres, n'est pas sorti brusquement des réflexions d'un Charles Darwin ni même d'un Jean-Baptiste Lamarck. Sans remonter à quelques textes ambigus de philosophes grecs, on trouve tout au long de la Renaissance et même du Moyen Âge quelques remarques, certes isolées mais lucides, par exemple sur la nature des fossiles. Et le transformisme est clairement présent dès les années 1750 dans les écrits de Diderot et de son contemporain Maupertuis, qui écrivait dans le *Système de la Nature, essai sur la formation des êtres organisés* : « Les espèces les plus dissemblables n'auraient dû leur première origine qu'à quelques productions fortuites, dans lesquelles les parties élémentaires n'auraient pas retenu l'ordre qu'elles tenaient dans les animaux pères et mères : chaque degré d'erreur aurait fait une nouvelle espèce et à force d'erreurs répétées serait venue la diversité infinie des animaux que nous voyons aujourd'hui. »

Si Maupertuis est resté un précurseur méconnu, c'est peut-être qu'il n'a pas marqué avec force la rupture entres ses idées et celles qui prévalaient alors ; peut-être la fondation réelle d'une nouvelle théorie requiert-elle, comme pour une espèce, un isolement bien marqué par rapport à son environnement intellectuel et qu'il y faut des hommes enclins à proclamer cette rupture ; peut-être y faut-il en somme un combat, comme le notait Proust (si amateur de comparaisons biologiques sans doute à cause de la fréquentation de son père et de son frère médecins) : « Les théories et les écoles, comme les microbes et les globules, s'entre-dévorent et assurent, par leur lutte, la continuité de la vie. »

Une nouvelle théorie, une fois qu'elle s'est imposée, change dans son domaine le rapport de la pensée au monde, mais rares sont celles qui, ensuite, ne vieillissent pas. C'est que peu à peu elles deviennent incapables de s'ajuster à beaucoup d'autres concepts, ou à beaucoup de réalités, nés autour d'elles : comme une espèce ne peut plus s'adapter, comme un homme ne peut plus s'accommoder.

Ni les extinctions des espèces ni celles des idées ne sont inscrites dans un programme inéluctable, au contraire de notre propre mort, mais toutes jouent un rôle dans les changements du vivant. Il y a pourtant bien des degrés et des qualités divers dans ce vieillissement, puis dans le sort posthume des idées.

Pour certaines, l'opposition avec le nouveau monde est si flagrante et insoluble que la mort est, si l'on peut dire, totale, même si elle prend du temps. La théorie du phlogistique a été balayée par la chimie moderne de Lavoisier et de ses contemporains ; l'absolutisme du déterminisme laplacien n'a pas survécu à la théorie des quanta même s'il a mis deux siècles à devenir archaïque. En biologie, le créationnisme, c'est-à-dire l'idée que les espèces sont apparues chacune telles qu'elles sont aujourd'hui, persiste encore dans certains cercles limités, par exemple aux États-Unis. Battue en brèche dès le XVIIe siècle, l'idée de la génération spontanée a été pourtant longue à mourir, ses tenants reprenant force chaque fois qu'étaient découverts des animaux plus petits et plus simples : une sorte de génération spontanée des bactéries a été défendue jusqu'au début de notre siècle.

Les morts de ces théories-là furent assez stériles ; elles font penser au sort de certaines formes animales présentes dans les schistes de Burgess et qui n'ont pas laissé de descendants.

En revanche, comme la plupart des espèces, des idées ont des descendances. Certaines s'avèrent limitées et même inexactes, mais elles sont relayées par un ensemble nouveau plus complet, comme la physique newtonienne est devenue un aspect de la théorie de la relativité. Des idées nouvelles mais très ponctuelles donnent naissance peu à peu à un corpus culturel de plus en plus large et reconnu : c'est alors que les jurés Nobel en cherchent les initiateurs et les récompensent.

Il n'est pas toujours évident pourtant de juger du sort d'une idée, comme du rôle qu'a joué un homme ou une espèce. Le lamarckisme a été rejeté dans son ensemble tout un temps, mais certains de ses aspects semblent influencer des pensées actuelles. Dans un tout autre ordre d'idées, le communisme peut apparaître aujourd'hui comme un exemple caricatural de la fondation et de la mort d'une conception de la société, mais je ne me hasarderai pas à une conclusion définitive.

CHAPITRE XII

LES INTERMITTENCES DU CŒUR
ET DE L'ÉVOLUTION

Lorsqu'un sentiment domine tout au long d'un segment d'Évolution ou d'une individuation, la stratégie est monotone.

Une monotonie tranquille dérive de l'égoïsme ; nous cultivons alors une vie sans aspérités qui rappelle le processus de « l'Évolution à petits pas » où, parfois, la recherche obstinée d'objets, de richesses, de titres ou de distinctions sociales ressemble à une orthogenèse. Et l'on peut se grouper à plusieurs dans ce but pour une sorte de coévolution.

Les résultats d'une angoisse prépondérante sont bien différents. Nous connaissons tous de ces vies affolées aux activités fébriles incessantes dont la diversité ne fait que masquer de façon presque hystérique l'origine unique. En vacances par exemple, on doit passer dans la même journée d'une baignade à une excursion, du tennis à une pêche, du restaurant au casino, et accueillir sans cesse des amis différents ; il faut ce programme, dont la réalisation dépasserait largement les vingt-quatre heures, afin de n'être jamais confronté au temps libre et de parvenir assez fatigué au moment, le plus tardif possible, du coucher, moment où ce temps libre risque justement de se glisser. On pense aux étapes de l'évolution d'une lignée marquée par des radiations adaptatives multiples et successives : ceux qui vivent ainsi s'investissent dans les activités les plus diverses, comme les pinsons ou les mouches ont sauté d'île en île et s'y sont adaptés différemment. Dans les deux cas, chaque stratégie d'ajustement au monde devient un but en elle-même.

On est alors tenté de penser qu'une intermittence dans la mise en œuvre des sentiments permettrait d'éviter ces excès, l'égoisme tempérant l'angoisse et l'angoisse interrompant l'égoisme. Il est en effet des vies où les caractères de ces sentiments sont tels que leurs manifestations peuvent alterner ; on accepte les changements de monde et même on en profite, si bien que, par exemple, l'angoisse se relâche avec la disparition des agressions et laisse la place à un égoisme créateur plus fort encore. Ces accommodations psychiques variables sont sources d'innovation et il en est bien des exemples.

Marcel Proust, avant de glisser vers une solitude créatrice, a passé la première partie de sa vie dans ce qu'il appelle les « cercles » de la mondanité et de la vie sociale, qu'il juge fort mal : « La conversation même qui est le mode d'expression de l'amitié est une divagation superficielle, qui ne nous donne rien à acquérir. Nous pouvons causer pendant toute une vie sans rien dire que répéter indéfiniment le vide d'une minute, tandis que la marche de la pensée dans le travail solitaire de la création artistique se fait dans le sens de la profondeur. »

Il reste que, dans le cas de Proust, tout le temps d'abord apparemment perdu dans les conversations ne l'a pas été vraiment, puisqu'il a nourri l'œuvre accomplie ensuite ; c'est bien, avec le génie de l'auteur d'abord, la succession des deux manières de vivre qui a construit *À la recherche du temps perdu*. L'alternance qui a marqué cette vie constitue d'ailleurs aussi un thème essentiel de l'œuvre : *Les Intermittences du cœur* est le titre que Proust avait d'abord songé à donner à *La Recherche* et reste celui d'un bref passage de *Sodome et Gomorrhe,* où le narrateur arrive pour la seconde fois à Balbec, évoque la mort de sa grand-mère et retrouve Albertine.

Parfois des mondes intellectuels différents et successifs déclenchent l'innovation. Lamarck était un botaniste réputé lorsqu'il s'est vu confier par la Convention la chaire des Animaux sans vertèbres du Muséum ; ce brusque changement devait le conduire au transformisme. Plus près de nous, bien des prix Nobel ont été obtenus par des chercheurs qui avaient brusquement changé leur objet d'étude.

Des alternances géographiques ne sont pas non plus indifférentes, et de longs voyages en Europe ont précédé le retour de Montaigne dans la demeure bordelaise où il écrivit les *Essais.*

Je vois de même une vertu innovante dans l'alternance de modalités évolutives décrites précédemment, par exemple celle des stases et celle des radiations évolutives suivies de l'acquisition de caractères adaptatifs clés. Les alternances de la stabilité et du changement, de la tranquillité et de l'aventure sont présentes dans presque toutes les histoires que j'ai évoquées ; accélération, ralentissement : l'Évolution change souvent de vitesse.

Pourtant cet éloge des intermittences doit être limité, car certaines d'entre elles avortent.

De profondes et innovantes modifications morphologiques ont affecté les ancêtres des cœlacanthes et des dipneustes, dont il a déjà été question plusieurs fois, entre trois cent cinquante et trois cent trente millions d'années avant nous, puis certaines lignées sont restées immuables, donnant naissance à des fossiles vivants.

D'autres lignées évolutives ont été capables de changements et d'ajustement à des mondes nouveaux mais hélas incapables d'oublier le monde précédent ; elles ont abouti à ces animaux, comme les amphibiens, dont le cycle vital inclut des obéissances successives à deux milieux extérieurs différents, obéissances souvent séparées par une métamorphose anticipatrice et contraignante. Ainsi, l'alternance des modalités évolutives que j'ai, par exemple, décrites plus haut dans le cas de l'anguille n'a fait que construire un cycle vital très compliqué dont l'espèce est restée esclave.

Des vies humaines se construisent aussi de cette manière. On s'obstine à accumuler les habitudes diverses successivement prises, même si elles sont contradictoires, et aucune des accommodations acquises n'est remise en question. On se plaît à anticiper, pour construire sa vie d'une façon jugée efficace et aussi pour jouir à l'avance de moments agréables, mais en même temps on restreint sa liberté en limitant ses choix, comme par le programme de la soirée établi en lisant un journal de télévision le matin, ou par un voyage estival étudié, rêvé et acheté dès l'hiver.

Si donc l'angoisse aide à acquérir des caractères libérateurs et l'égoïsme à les mettre en œuvre, si leur intermittence est une condition nécessaire pour assurer des destins ouverts et innovants, elle n'est pourtant pas suffisante : il faut encore pouvoir oublier les caractères contraignants !

Comme les intermittences du cœur peuvent être le levain de la création artistique, les alternances de l'angoisse et de l'égoïsme sont à l'origine des véritables nouveautés évolutives mais, dans ces rôles entremêlés, il leur faut un complice qui est l'oubli, et je lui adjoindrai le plaisir.

L'oubli

L'histoire de la vie est caractérisée par cette sorte de mémoire génétique qu'est l'hérédité, une mémoire dont le contenu se modifie au rythme des mutations successivement acceptées.

La mémoire des individus est d'abord un souvenir des accommodations antérieures qui est le pendant du souvenir génétique des caractères adaptatifs ; cette propriété, à l'origine des apprentissages, existe déjà chez les animaux les plus simples, mais elle se complique au long de l'évolution et, prise en charge par le cerveau, elle débouche sur les conditionnements, les capacités cognitives, les habitudes.

Si les contenus de ces deux mémoires ne faisaient que croître par additions successives d'éléments nouveaux, l'Évolution et nos vies se limiteraient à une sorte d'empilement de caractères ou de souvenirs, mais nous savons que la réalité est heureusement plus complexe.

Au cours du processus évolutif, une sorte d'oubli, la perte de caractères présents chez les ancêtres, est en jeu. Un gène peut cesser de s'exprimer parce qu'il est récessif et dominé par un autre allèle ; il est capable de se manifester de nouveau à une génération suivante et de faire ainsi réapparaître un caractère dit atavique.

Il peut y avoir réelle perte de gènes mais aussi, événements bien plus fréquents, des changements dans leur expression. Certains deviennent silencieux à la suite de mutations de gènes régulateurs ; n'exerçant plus de fonction, ils sont affranchis des pressions de sélection, libres de muter tranquillement et susceptibles, après avoir beaucoup changé, de s'exprimer à nouveau bien plus tard dans un rôle tout différent de leur rôle initial. Le changement peut aussi concerner le moment où s'expriment des gènes au cours de la vie : l'organisme oublie l'horloge du développement à laquelle étaient assujettis ses ancêtres, et il en résulte les hétérochronies, ces changements souvent brutaux dans l'ordre temporel d'apparition de différents caractères.

Certains biologistes pensent que, d'une façon générale, la conquête d'un monde nouveau a d'abord impliqué la mise en place, au cours du développement, d'une métamorphose : c'est alors que s'exprimeraient les gènes les plus récemment acquis et codant pour les caractères adaptatifs vis-à-vis du monde peuplé après la métamorphose. Si, ensuite, l'expression de ces gènes devient de plus en plus précoce et prépondérante tandis que les gènes les plus anciens s'expriment de moins en moins, la métamorphose disparaît du cycle vital et la conquête est devenue effective.

La vertu libératrice de cette sorte d'oubli est illustrée *a contrario* par les échecs d'une mémoire trop fidèle. Pour que l'anguille échappe à son esclavage, il aurait fallu qu'elle oublie la nécessité des conditions de sa reproduction ; les amphibiens n'ont réalisé qu'une conquête avortée de la terre ferme parce qu'ils n'ont pu oublier la nécessité d'une reproduction aquatique. D'une façon générale, les animaux à métamorphose n'ont oublié ni l'un ni l'autre des deux mondes auxquels ils restent successivement assujettis au cours de leur vie.

Si nous-mêmes n'étions pas capables d'oublier, les habitudes s'empileraient et les contraintes s'accumuleraient au cours de nos vies dont elles finiraient par régler le déroulement, d'une façon triste et désespérante que chante Juliette Gréco, sur un texte de Jacques Brel : « on n'oublie rien, on s'habitue, c'est tout » et que décrit Proust : « L'habitude abêtissante qui pendant tout le cours de notre vie nous cache à peu près tout l'univers et dans une nuit profonde, sous leur étiquette inchangée, substitue aux poisons les plus dangereux ou les plus enivrants de la vie quelque chose d'anodin qui ne procure pas de délices. »

Les habitudes, les accommodations stéréotypées et trop prévoyantes sont des drogues dont il est dur de se passer, mais la désintoxication est une condition de la liberté et de l'innovation. La déshabituation nous permet choix et découverte. En paraphrasant la classique définition de la culture, la liberté viendrait quand on a tout oublié.

Entre l'oubli qui fait disparaître des caractères et l'angoisse qui suscite leur apparition, il doit exister un jeu complexe dans l'Évolution, et nous éprouvons aussi un tel jeu avec bien des variantes : souvenirs associés à la convergence de stimulations différentes, à des agressions, à des émotions fortes, mais aussi parfois à leur totale absence comme dans le restaurant ou l'hôtel désert et un peu sinistre d'une petite ville de province ; à l'inverse, l'incapacité brutale de se rappeler un mot ou un nom pourtant bien connu est capable de déclencher une bouffée d'angoisse...

La neurobiologie confirme et commence à préciser les rapports complexes entre la mémoire et l'anxiété, prises dans leur sens le plus large. Parmi les neuromédiateurs sécrétés en cas de stress, certains, comme l'adrénaline, aident à l'acquisition de l'apprentissage lié aux émotions fortes et à elles seules, tandis que les endorphines peuvent au contraire avoir des effets négatifs. Un autre neuromédiateur, le GABA, exerce des actions générales inhibitrices, en particulier sur l'anxiété et aussi, semble-t-il, sur la mémoire. En effet, des substances qui augmentent son activité, ces médicaments largement utilisés comme anxiolytiques que sont les benzodiazépines, exercent un effet négatif sur la mémorisation ; inversement, d'autres composés, qui contrarient les actions du GABA et dont on sait qu'ils améliorent l'apprentissage, sont anxiogènes.

Peut-être l'incidence généralement positive de l'anxiété sur la mémoire contribue-t-elle à stabiliser pour un temps des changements acquis du fait de l'angoisse, à empêcher les sortes d'emballement auxquelles j'ai fait allusion plus haut.

Si la mémoire de l'Évolution concerne seulement les caractères acquis à la suite de mutations successives, la nôtre est plus riche : nous nous souvenons non seulement de nos accommodations mais aussi des événements qui les ont provoquées, d'images du monde où elles se sont produites, de nos sensations et de nos états d'âme. Comme l'apprentissage, cette autre mémoire fait intervenir, dans le cerveau, à la fois le cortex périphérique et des zones plus profondes, mais ce ne sont pas les mêmes ensembles neuronaux qui sont mis au travail.

Nos souvenirs sont innombrables ; pourtant nous ne nous rappelons sans doute pas tout ce que nous avons perçu, senti et pensé ; d'ailleurs, si notre cerveau n'était qu'une caméra accumulant sans tri les images, nous nous poserions bien moins de questions sur les mécanismes de la mémoire, ce que Proust a mieux dit : « Une mémoire sans défaillance n'est pas un très puissant excitateur à étudier les phénomènes de mémoire. »

Le passé est donc bien inégalement traité par notre mémoire. Combien de moments n'ayant pas laissé de trace, combien de souvenirs très forts au contraire, sans qu'on en sache vraiment la raison ; des neurobiologistes pensent que ces derniers correspondent à la stimulation simultanée de sens différents ; mon expérience met aussi en avant dans leur fixation des instants de liberté, de relâchement des contraintes extérieures.

Et puis, parmi nos souvenirs, beaucoup sont oubliés, enfouis dans l'inconscient, souvenirs si précieux pour les psychanalystes puisqu'ils correspondraient à des tendances refoulées et si précieux aussi pour l'exercice de la mémoire involontaire proustienne, cette réminiscence imprévue provoquée par une sensation actuelle, une réminiscence d'une richesse et d'une acuité incomparables, comme celle des dalles inégales du baptistère de Saint-Marc, et de là tout Venise, retrouvées par le narrateur parce qu'il avait buté sur des pavés mal équarris dans la cour des Guermantes : « Un expédient merveilleux de la nature [...] avait fait miroiter une sensation... à la fois dans le passé, ce qui permettait à mon imagination de la goûter, et dans le présent où l'ébranlement affectif de mes sens par le bruit, le contact... avait ajouté aux rêves de l'imagination ce dont ils sont habituellement dépourvus, l'idée d'existence, et grâce à ce subterfuge avait permis d'obtenir, d'isoler, d'immobiliser – la durée d'un éclair – ce qu'il n'appréhende jamais : un peu de temps à l'état pur. »

Cette mémoire involontaire qui, avec les métaphores mais plus encore qu'elles, révèle l'essence des choses n'existerait pas sans l'oubli et il n'est pas étonnant que Proust ait tant vanté les vertus de celui-ci : « Comme il y a une géométrie dans l'espace, il y a une psychologie dans le temps, où les calculs d'une psychologie plane ne seraient plus exacts parce qu'on n'y tiendrait pas compte du Temps et d'une des formes qu'il revêt, l'oubli ; l'oubli dont je commençais à sentir la force et qui est un si puissant instrument d'adaptation à la réalité parce qu'il détruit peu à peu en nous le passé survivant qui est en constante contradiction avec elle. »

La mémoire involontaire nous ramène aussi à l'atavisme qui lui ressemble et qui fascinait aussi Proust, cet atavisme qui fait par exemple réapparaître chez Saint-Loup vieillissant des caractères ancestraux : « On n'est pas impunément le neveu de quelqu'un... »

Alors que depuis Mendel nous pouvons expliquer l'atavisme par les lois de l'hérédité, je me demande quelles règles président au choix des souvenirs rappelés par la mémoire involontaire. Pourquoi certains rares moments et eux seuls ? Pourquoi le goût de la madeleine bien sûr, et les clochers de Martinville, et les arbres alignés au long d'une voie de chemin de fer normande ? Peut-on imaginer qu'ils soient associés à des sortes de refoulement ?

Le plaisir

Le plaisir, selon une expression de Jean-Didier Vincent, est « la monnaie commune de toutes nos conduites », et je lui ai déjà attribué plusieurs rôles dans l'Évolution : le plaisir amoureux contribue indirectement, par la sexualité, à la diversité individuelle des génomes tandis que le plaisir à boire ou à manger aide à la survie des individus.

Qu'en est-il d'autres plaisirs, singulièrement ceux associés aux ajustements au monde ? Nous les éprouvons dans des circonstances très variées. D'abord quand nous retrouvons ce que nous aimons, paysages, amis, goûts ou odeurs qui dépendent bien sûr des souvenirs, des accommodations antérieures, et ils sont renforcés par l'alternance des situations, par les manques provisoires qui nous permettent des anticipations agréables. L'alternance des saisons et des événements qui leur sont associés en fournit bien des exemples, depuis les premiers jours printaniers en février ou la neige retrouvée en hiver, depuis les vacances jusqu'au Tour de France, ou bien les mois en « r » annonçant des huîtres savoureuses, ou encore pour les turfistes les agréments et les mondes différents associés aux courses de galop ou de trot, Longchamp, Chantilly, Deauville, Vincennes... Il paraît d'ailleurs que de nombreux et sérieux experts se penchent sur les possibilités de recréer les saisons dans les villes, où des plages artificielles bordées de palmiers sont déjà reconstituées.

Un plaisir sort renforcé d'une abstinence parce qu'une

stimulation permanente induit une sorte de désensibilisation : un phénomène important en biologie et une propriété ancienne de la vie. C'est ainsi que dans une cellule cible d'une hormone, les récepteurs de celle-ci se désensibilisent s'ils lui sont soumis de façon continue ; la réussite de la régulation demande alors que l'hormone soit sécrétée sous forme de pulsations qui sont commandées par des horloges internes.

Si une sensation actuelle fait resurgir à l'esprit un souvenir oublié, quel plaisir encore plus aigu et subtil ! En effet cette mémoire involontaire déjà évoquée n'est pas seulement un moyen de retrouver le temps, elle est aussi en elle-même source d'une brève et surprenante volupté intellectuelle. Proust a incomparablement décrit cette véritable aventure qui le « gonflait d'allégresse ». Il utilise les mots de « félicité », de « certitude », de « céleste nourriture », de « délices » : c'est le miracle d'une analogie qui le fait échapper au présent et à l'inquiétude de la mort, c'est le miracle de l'essence des choses ainsi libérée. Il y a là presque du mysticisme.

Ce plaisir de la mémoire involontaire constitue un phénomène sûrement général, car, même avec moins d'intensité que Proust, et sans toujours l'analyser, la plupart d'entre nous l'ont ressenti.

J'aimerais que les neurobiologistes en déterminent les mécanismes ; peut-être un ensemble de neurones porteur d'un souvenir ancien est-il susceptible d'être « appelé » de plusieurs manières ; peut-être une de celles-ci, mise en jeu par association d'idées dans la mémoire involontaire, entraîne-t-elle la sécrétion de neuromodulateurs donneurs de plaisir, comme les morphines endogènes. Et ce plaisir de la mémoire involontaire a-t-il quelque chose à voir avec les vertus thérapeutiques de la psychanalyse ?

Il arrive enfin que tout souvenir, même jugé d'abord idyllique, nous lasse, comme il a lassé le poète qui avait « trop vécu, trop senti, trop aimé ». Alors l'oubli et la désensibilisation ne suffisent plus ; seules la surprise, la découverte, l'aventure, la rencontre imprévue d'un aspect du monde entièrement nouveau pour nous, un pays, un paysage jamais vus, sont capables de nous procurer du plaisir. C'est celui que l'on trouve aussi dans le jeu où chaque partie apporte une situation nouvelle, et Jean-Didier Vincent a illustré dans *Casanova, la contagion du plaisir* l'intérêt des changements de partenaire sexuel pour des mammifères que la monotonie a désensibilisés.

L'agrément des habitudes, l'agrément des nouveautés, peut-être sont-ils moins contradictoires qu'il ne semble à première vue, car dans les deux cas il s'agit d'un plaisir lié à des accommodations. Le plaisir lié aux habitudes est trouvé dans les accommodations faciles et répétées à un monde auquel nous sommes préparés. Le plaisir lié aux découvertes est trouvé dans un monde nouveau auquel nous sommes dans l'obligation de nous accommoder.

Ce double jeu du plaisir vis-à-vis des constances et des nouveautés du monde vient favoriser les intermittences entre le confort et l'aventure. Tous deux sont en somme associés à l'exercice des caractères adaptatifs qui sous-tendent nos accommodations et peut-être est-ce leur signification évolutive ?

Rêvons un peu plus. Ce plaisir-là ne pourrait-il être d'autant plus intense qu'il est associé aux caractères adaptatifs les plus essentiels de l'espèce ? Et l'exercice de l'association d'idées, certainement une des plus hautes fonctions du cerveau humain, ne pourrait-il être à l'origine du plaisir de la mémoire involontaire ? J'imagine alors un plaisir similaire associé chez des espèces animales à l'exercice de leurs caractères les plus réussis, comme la course du cheval ou le vol sans erreurs des chauves-souris. Le dauphin qui rivalise de vitesse avec le navire qu'il côtoie ou précède, qui glisse en jouant devant l'étrave, éprouve peut-être le même genre de volupté que le narrateur d'*À la recherche du temps perdu* associant les pavés de la place Saint-Marc et ceux de la cour de l'immeuble des Guermantes.

ÉPILOGUE

L'angoisse et l'égoïsme de la vie (propriétés du génome et non images d'un vitalisme rajeuni), que j'ai introduits comme acteurs de l'Évolution, apparaissent comme des facteurs de rupture ou de continuité, de conflit ou de confort, qui interagissent avec le monde divers et changeant.

La variété des conséquences évolutives de cette interaction nous dit-elle quelque chose sur nous-mêmes ? Une réponse négative serait malvenue après toutes les analogies que j'ai développées entre les stratégies vitales des espèces et nos manières d'être...

Même si, comme je le pense, nos propres angoisses et égoïsmes, prolongements de bien anciennes propriétés de la vie, ont un fondement inné, ils n'imposent pas une voie unique ; la conscience réfléchie et le libre arbitre nous permettent de décider de nos accommodations au monde, parmi de multiples possibles. L'Évolution attire l'attention sur les conséquences de ces choix.

Si elle n'est pas assez intense pour devenir insupportable, la seule angoisse, en libre cours, est porteuse de changements perpétuels : au mieux fantaisie et dilettantisme, au pire affolement continu. L'égoïsme livré à lui-même trace des vies linéaires, avec des modes et des buts déterminés, des vies efficaces si le monde offert le permet. Sauf à disposer d'un monde idyllique, angoisse et égoïsme forts et simultanés ne laissent guère d'autre choix que le repliement sur soi, un sort qui rappelle celui de la patelle dont j'ai utilisé l'image au début de ce livre.

L'intermittence dans l'expression des deux senti-ments, les alternances de solitude et de vie sociale, d'obéissance et d'indifférence, de conquête et d'utilisation de mondes nouveaux sont porteuses non seulement d'autres satisfactions mais aussi de plus d'innovation. Les changements auxquels l'angoisse incite en sont une condi-tion, mais il faut ensuite de l'égoïsme, de la survie, du « repos à la vie », pour que la nouveauté vieillisse bien, comme un grand vin dans une cave tempérée, ou se soli-difie comme le bois d'un bateau nouvellement construit doit gonfler lentement dans un plan d'eau tranquille.

Les intermittences, avec leur cortège d'oublis et de plaisirs, enrichissent la vie de sens nouveaux, aident à la construire plus libre et plus inventive : ne négligeons pas leur pouvoir et apprécions leurs charmes.

TABLE

TROISIÈME PARTIE
Les Sentiments